——互联网实验室文库——

"互联网口述系列丛书"战略合作单位

浙江传媒学院

互联网与社会研究院

博客中国

国际互联网研究院

光荣与梦想

互联网口述系列丛书

方兴东 ◎ 主编
刘 伟 ◎ 执行主编

张朝阳 篇

电子工业出版社
Publishing House of Electronics Industry
北京·BEIJING

出 版 说 明

"互联网口述历史"项目是由专业研究机构——互联网实验室,组织业界知名专家,对影响互联网发展的各个时期和各个关键节点的核心人物进行访谈,对这些人物的口述材料进行加工整理、研究提炼,以全方位展示互联网的发展历程和未来走向。人物涉及创业与商业,政府、安全与法律等相关领域,社会、思想与文化等层面。该项目把这些亲历者的口述内容作为我国互联网历史的原始素材,展示了互联网波澜壮阔的完整画卷。

今天奉献给各位读者的互联网口述系列丛书第一期的内容来源于"互联网口述历史"项目,主要挖掘了影响中国互联网发展的8位关键人物的口述历史资料和研究成果,包括《光荣与梦想:互联网口述系列丛书 钱华林篇》《光荣与梦想:互联网口述系列丛书 刘韵洁篇》《光荣与梦想:互联网口述系列丛书 许榕生篇》《光荣与梦想:互联网口述系列丛书 张朝阳篇》《光荣与梦想:互联网口述系列丛书 张树新篇》《光荣与梦想:互联网口述系列丛书 陆首群篇》《光荣与梦想:互联网口述系列丛书 胡启恒篇》《光荣与梦想:互联网口述系列丛书 田溯宁篇》。

"口述历史",简单地说,就是通过笔录、录音、录影等现代技术手段,记录历史事件当事人或者目击者的回忆而保存的口述凭证。"口述"作为一种全新的学术研究方法,尚处在"探索"阶段,目前尚未发现可供借鉴和参考的案例或样本。在本系列丛书的策划过程中,我们也曾与行业内的专家和学者们进行了多次的探讨和交流,尽量规避"口述"这种全新的研究方式存在的不足。与此同时,针对"口述"内容存在的口语化的特点,在本系列丛书的出版过程中,我们严格按照出版规范的要求最大限度地进行了调整和完善。但由于"口述体"这种特殊的表达方式,书中难免还存在诸多不当之处,恳请各位专家、学者多多指正,共同探讨"口述"这种全新的研究方法,通过总结和传承互联网文化,为中国互联网的发展贡献自己的力量。

"互联网口述系列丛书"编委会

学术委员会委员：

何德全　　黄澄清　　刘九如　　卢　卫　　倪光南
孙永革　　田　涛　　田溯宁　　佟力强　　王重鸣
汪丁丁　　熊澄宇　　许剑秋　　郑永年
（按姓氏首字母排序）

主　　编：方兴东
执行主编：刘　伟
编　　委：范东升　　王俊秀　　徐玉蓉
　　　　　（按姓氏首字母排序）
策　　划：高忆宁　　李宇泽
指导单位：北京市互联网信息办公室
执行单位：互联网实验室

学术支持单位：浙江传媒学院互联网与社会研究院
　　　　　　　汕头大学国际互联网研究院
　　　　　　　《现代传播（中国传媒大学学报）》
　　　　　　　北京师范大学新闻传播学院

丛书出版合作单位：博客中国
　　　　　　　　　电子工业出版社

"互联网口述系列丛书"工程执行团队

牵头执行：互联网实验室
总负责人：方兴东
采访人员：方兴东、钟布、赵婕
访谈联络：范媛媛、孙雪、张爱芹
摄影摄像：李宁、杜康乐
文字编辑：李宇泽、骆春燕、袁欢、索新怡
视频剪辑：杜运洪、李可
战略合作：高忆宁、马杰
出版联络：任喜霞、吴雪琴
研究支持：徐玉蓉、陈帅、宋谨谨
媒体宣传：于金琳、朱晓旋、张雅琪
技术支持：高宇峰、胡炳妍、唐启胤、魏海

总 序

为什么做"互联网口述历史"(OHI)*

方兴东

2019年是互联网诞生50周年,也是中国互联网全功能接入25年。如何全景式总结这波澜壮阔的50年,如何更好地面向下一个50年,这是"互联网口述历史"的初衷。

通过打造记录全球互联网全程的口述历史项目,为历史立言,为当代立志,为未来立心,一直是我个人的理

---

* 编者注:"互联网口述系列丛书"内容来源于"互联网口述历史"(OHI)项目。

想。而今，这一计划逐渐从梦想变成现实，初具轮廓。作为有幸全程见证、参与和研究中国互联网浪潮的一个充满书生意气的弄潮儿，我不知不觉把整个青春都献给了互联网。于是，我开始琢磨，如何做点更有价值的工作，不辜负这个时代。于是，2005年，"互联网口述历史"（OHI）开始萦绕在我心头。

我自己与互联网还是挺有缘分的。互联网诞生于1969年，那一年我也一同来到这个世界。1987年，我开始上大学，那一年，互联网以电子邮件的方式进入中国。1994年，我来到北京，那一年互联网正式进入中国，我有幸第一时间与它亲密接触。随后，自己从一位高校诗社社长转型为互联网人，全身心投入到为中国互联网发展摇旗呐喊的事业中。20多年的精彩纷呈尽收眼底。从20世纪90年代开始，到今天以及下一个10年，是所谓的互联网浪潮或者互联网革命的风暴中心，是最剧烈、最关键和最精彩的阶段。

但是，由于部分媒体的肤浅和浮躁，商业的功利与喧嚣，迄今，我们对改变中国及整个人类的互联网革命并没有恰如其分地呈现和认识。因为这场革命还在进程当中，我们现在需要做的并不是仓促地盖棺论定,也不是简单地总结或预测。对于这段刚刚发生的历史中的人与事、真实与细节,进行勤勤恳恳、扎扎实实的记录和挖掘,以及收集和积累更加丰富、全面的第一手史料,可能是更具历史价值和更富有意义的工作。

"互联网口述历史"仅仅局限在中国是不够的。不超越国界,没有全球视野,就无法理解互联网革命的真实面貌,就不符合人类共有的互联网精神。迄今整个人类互联网革命主要是由美国和中国联袂引领和推动完成的。到2017年底,全球网民达到40亿,互联网普及率达到50%。我们认为,互联网革命开始进入历史性的拐点:从以美国为中心的上半场(互联网全球化1.0),开始进入以中国为中心的下半场(互联网全球化2.0)。中美两国承前启后、前赴后继、各有所长、优势互补,将人类互联网新文明不断推向深入,惠及整个人类。无论存在何种摩擦和争端,在人类互联网革命的道路上,中美两国将别无选择地构建成为不可分割的利益共同体和命运共同体。所以,"互联网口述历史"将以中美两国为核心,先后推进、分步实施、相互促进、互为参照,绘就波澜壮阔的互联网浪潮的完整画卷。

在历史进程的重要关头，有一部分脱颖而出的人，他们没有错过时代赋予的关键时刻，依靠个人的特质和不懈的努力，做出了独特的贡献，创造了伟大的奇迹。他们是推动历史进程的代表人物，是凝聚时代变革的典范。聚焦和深入透视他们，可以更好地还原历史的精彩，展现人类独特的创造力。可以毫不夸张地说，这些人，就是推动中国从半农业半工业社会进入到信息社会的策动者和引领者，是推动整个人类从工业文明走向更高级的信息文明的功臣和英雄。他们的个人成就与时代所赋予的意义，将随着时间的推移，不断得以彰显和认可。他们身上体现的价值观和独特的精神气质，正是引领人类走向未来的最宝贵财富！

"互联网口述历史"自 2007 年开始尝试，经过十多年断断续续的摸索，总算雏形初现。整个计划的第一阶段成果分为两部分。一部分记录中国互联网发展全过程，参与口述总人数达到 200 人左右的规模。其中大致是：创业与商业层面约 100 人，他们是技术创新和商业创新的主力军，是绝对的主体，是互联网浪潮真正的缔造者；政府、安全与法律等相关层面约 50 人，他们是推动制度创新的主力军，是互联网浪潮最重要的支撑和基础；学术、社会、思想与文化等层面约50人，他们是推动社会各层面变革的出类拔萃者。另一部分是以美国为中心的全球互联网全记录，计划安排300人左右的规模。大致包括美国150人、欧洲50人、印度等其他国家100人。三类群体的分布也基本同上部分。第一阶段的目标是完成具有代表性的500人左右的口述历史。正是这个独特的群体，将人类从工业文明带入到了信息文明。可以说，他们是人类新文明的缔造者和引领者。

自2014年开始，我们开始频繁地去美国，在那里，得到了美国互联网企业家、院校和智库诸多专家学者的大力支持和广泛认可，全面启动全球"互联网口述历史"的访谈工作。目前，我们以每一个人4小时左右的口述为基础内容，未来我们希望能够不断更新和多次补充，使这项工程能够日积月累，描绘出整个人类向信息文明大迁移的全景图。

到2018年年中，我们初步完成国内170多人、国际150多人的口述，累计形成1000多万字的文字内容和超过1000小时的视频。这个规模大致超过了我们计划的一半。所谓万事开头难，有了这一半，我的心里开始有了底气。2018年开始，将以专题研究、图书出版以及多媒体视频等形式，陆续推向社会。希望在2019年互联网诞生50年之际，能够让整个计划完成第一阶段性目标。而第二阶段，我们将通过搭建的网络平台，面向全球动员和参与，并将该网络平台扩展成一个可持续发展的全球性平台。

通过各层面核心亲历者第一人称的口述，我们希望"互联网口述历史"工程能够成为全球互联网浪潮最全面、最丰富、最鲜活的第一手材料。为更好地记录互联网历史的全程提供多层次的素材，为后人更全面地研究互联网提供不可替代的参考。

启动口述历史项目，才明白这个工程的艰辛和浩大，需要无数人的支持和帮助，根本不是一个人所能够完成的。好在在此过程中，我们得到了各界一致的认可和支持，他们的肯定和赞赏是对我们最佳的激励。这是一项群体协作的集体工程，更是一项开放性的社会化工程。希望我们启动的这个项目，能汇聚更多的社会力量，最终能够越来越凸显价值与意义，能够成为中国对全球互联网所做的一点独特的贡献。

目录
CONTENTS

访谈者评述　/001
业界评述　/004
口述者肖像　/007
口述者简介　/008

壹　华尔街的首席代表　/012
　贰　搜狐的首轮融资　/022
叁　向瀛海威"草船借箭"　/029
　肆　黑暗的再融资时期　/039
伍　董事会之争　/054
　陆　煮酒论英雄　/067

—语录 /074

—链接 /077

—附录 /082

—相关人物 /091

—访谈手记 /092

—其他照片 /098

—人名索引 /106

—参考资料(部分) /111

—编后记1 /114

—编后记2 /131

—致谢 /160

—互联网口述历史:人类新文明缔造者群像 /168

—互联网实验室文库:21世纪的走向未来丛书 /186

—注释 /191

—项目资助名单 /201

访谈者评述

方兴东

张朝阳在互联网发展早期的10年里，肯定是"第一符号"。他是最早带着美国的投资理念回来的"海归"，与尼葛洛庞帝这种"思想启蒙"式的人物有很深的渊源；同时，他还是一位很有理想的创业者。他身上具有的这些特质都是互联网的符号，这些特质最早是在他身上聚合在一起的，他因此成为"第一符号"。我觉得，一场革命还是要事例化到一些人的身上，这样大众接受起来更方便，媒体传播起来也更有力，那个时候的张朝阳刚好契合了这场革命的需要。

张朝阳是比较喜欢思考的人，在美国待了很长时间，潜移默化地受到了西方价值观的影响。张朝阳是一个非常有原则的人，可能很多企业为了利益会干各种坏事，但是他肯定是一个不会干坏事的人，是一个有信念、有价值观的人。

从另外一个角度来说，张朝阳是最能代表中国互联网发展历程的一个"活化石"。"活化石"有几层含义：首先，他从开始到现在全程经历了这段历史；其次，他是"鲜活的"，现在还在产业的第一线；最后，他建立的每一种商业模式都经历了几乎所有的互联网热潮，所以他的商业模式历程很完整。各种成功、不成功的事，他没有做得惊天动地，但是都还不差，这些特点都集中在他身上。然而，作为一个"符号性"的人物，张朝阳自己真正完全创新的东西并不多，所以他的公司不能跟 BAT（百度公司、阿里巴巴集团、腾讯公司）这三大互联网公司一起跻身在第一阵营里。

我觉得这还是跟他个人创新意识不够有关。他说他是狐狸,在把握好时机方面,他不会比别人更早,也不会比别人更晚,但可能也正是因此,一定程度上限制了他的发展。

业界评述

我们与张朝阳内部配合了 10 年之久,如果想做歪门邪道的东西,他有很多机会,但是我感觉每次在大是大非面前,他永远要求我们去做对社会有意义、高道德标准的事情。确实,我们看到,搜狐是一家非常有底线的公司。

王小川

(搜狗 CEO)

胡泳

（北京大学新闻与传播学院教授）

我跟张朝阳最早打交道是因为《数字化生存》这本书。这本书是尼葛洛庞帝写的，我是这本书的中文译者。张朝阳是尼葛洛庞帝的学生，是尼葛洛庞帝来北京演讲时的翻译。那时候张朝阳还没有成名，搜狐还没有上市。

我对张朝阳是比较欣赏的。从某种程度来看，在中国互联网的星光璀璨之中，张朝阳是一位颇具智慧的人。他在20世纪90年代末做出了正确的选择，觉得在中国才有出路。他作为20世纪90年代末期的"海归"，赶上了中国的发展大潮，看到了未来的前景，进行了互联网创业。这个故事人人皆知。

他还是一个有理想的人。以前我跟他接触比较多，知道他的一些想法。虽然他的某些表现方式有时被说成作秀，然而今天看来，大概是因为早期搜狐没有多少推广费用，想要通过打造张朝阳来打造搜狐的品牌，进行推广，这种方式最为简单有效。所以我们才会看到他在天安门门前滑滑板的照片，那是他在通过把自己打扮成时尚、酷炫的形象来推广企业。我觉得这些作秀还是掩盖不了张朝阳本质上的理想主义色彩的。这个观点也可以从他的讲话中看出端倪。你会发现，他对于理想的追求战胜了一些现实的考量和算计，让他直言不讳、孜孜以求。

事实上，他那一代的互联网人所具有的理想主义色彩是非常浓厚的。

口述者肖像

口述者简介

张朝阳，搜狐公司董事局主席兼首席执行官。

1964 年 10 月
出生于陕西省西安市。

1986 年，22 岁
毕业于清华大学物理系，同年获得李政道奖学金，赴美留学。

1993 年，29 岁
获得麻省理工学院（MIT）博士学位，并继续在麻省理工学院从事博士后研究。

1994 年，30 岁
任麻省理工学院亚太地区（中国）联络负责人。

1995年,31岁

回国任美国 Infrared Solution Inc.（ISI）公司驻中国首席代表。

1996年,32岁

在麻省理工学院媒体实验室主任尼古拉斯·尼葛洛庞帝教授和麻省理工学院斯隆商学院爱德华·罗伯特教授的风险投资支持下创建了爱特信公司,爱特信成为中国第一家用风险投资资金建立的互联网公司。

1998年2月,34岁

爱特信公司正式推出"搜狐"产品,并将公司更名为"搜狐"。

2000年7月,36岁

搜狐公司在美国纳斯达克成功挂牌上市。

2001年5月,37岁

被《财富》杂志评选为"全球二十五位企业新星"之一。

2003年9月,39岁

获得"中国光彩事业奖章"。

2004年8月,40岁

荣获国际管理学会"年度杰出经理人奖"。

2010年11月,46岁

2010胡润娱乐富豪榜公布,张朝阳以20亿美元财富位列第十。

2011年4月,47岁

获得"2010绿色中国年度焦点人物绿色财富领袖奖"。

2013年1月,49岁

在"闭关"两年后宣布"重出江湖",管理搜狐公司事务。

张朝阳 篇

现在的创业者一定要设身处地想想过去的理想

访谈：　方兴东
口述：　张朝阳
整理：　刘乃清
时间：2014年1月12日（14:00—17:00）
地点：搜狐媒体大厦18层
文本修订：　4次

光荣与梦想
互联网口述系列丛书

张朝阳篇

华尔街的首席代表

从你早期回国后跟政府部门打交道的过程来看，你对他们怎么评价？

* * *

我觉得他们最重要的贡献就是让我发展。这件事现在看来是很自然的事情，但在当时却是一件很难的事情，我到北京电信去开账户的时候，机房门口是有武警士兵站岗的。

那时候我刚回国，1995年年底去申请账户，1996年年初去托管服务器。我们是第一家跟北京电信谈这样的业务的民营企业。

当时我还没有创建爱特信[1]，仍就职于美国 ISI 公司[2]。1993 年到 1994 年，我在麻省理工学院读博士后，那时就接触了互联网。我对它特别感兴趣，就一边花很多精力去研究互联网，一边想在这个领域创业。刚好在 1994 年 4 月，哈佛大学有一个例行的亚洲年会，当时大家都对中国这个新兴经济体很感兴趣，所以每年亚洲年会中的中国年会都能吸引许多商界人士，包括熊晓鸽[3]在内的一些人都去做过演讲。在会上我认识了一对父子，父亲想在中国投资电厂，但是后来投得不是很成功；儿子叫安德鲁·梅森，在哈佛商学院读书，我又通过他认识了他的同学加里·穆勒。

加里·穆勒有着标准的美国式成长经历——读哈佛大学本科、读商学院，再去麦肯锡做咨询，然后去华尔街工作。但是加里·穆勒到华尔街之后没去咨询公司，因为他发现那里很需要新兴市场的信息，就想在"东欧剧变"之后，把东欧的新兴市场的信息通过互联网这个工具收集起来,然后形成一个数据库,提供给华尔街的投资人。其实加里·穆勒的公司只是单纯地应用了互联网的媒介传递功能,本质上还是一个传统公司。但是不管怎么说,加里·穆勒想成立一个互联网公司,于是在安德鲁·梅森的引荐下,我跟加里·穆勒到中国城去吃了一次早餐,大概谈了一下我对互联网的想法。吃完饭之后,他就去融资了。他认识许多美国投资界人士,所以后来还真融资成功了,其中一个投资人就是尼葛洛庞帝[4]。后来我与加里·穆勒又见过一两次,但是经过权衡,我没跟他合作,而是选择到麻省理工学院的校方工作,担任学院的中国联络官。在担任联络官一年半的时间里,我回过中国四五次。这几次回国经历,坚定了我回国发展的决心。因为,第一,我当时对互联网特别感兴趣,想在国内发展互联网业务;第二,我觉得中国人在美国的影响实在是太小了,但我每次回来感觉都非常好。有一次是跟着麻省理工学院的校长一起回国的,还有一次是跟着教务长一起回国的。我发现只用两个星期就能把北京的各种资源整合起来，包括中央电视台的记者等媒体资源，由此我突然意识到在中国办事很有效率，所以，我就下定决心回国了。

下定决心之后，我就开始谋划各种出路。这时我又想起了加里·穆勒，他当时已经融资了100万美元，其公司也发展到了十几个人的规模，他和他弟弟把创业的地点放在匹兹堡。加里·穆勒毕业的时候回到哈佛，准备把他学生公寓的行李拉回家去，顺便跟我道别。我说我正在找回到中国后的发展思路，他说中国是很重要的新兴市场，让我帮他把中国市场打开。但是我说我以后是要在互联网领域创业的，他就说让我先帮他干一年。因此，我是作为美国ISI公司的首席代表回国的，正好是我生日那天到的北京。

生日前一天我在麻省理工学院开了一个告别晚会，来了几十个人，当时熊晓鸽、黄飞燕[5]等一些朋友也来了。熊晓鸽还唱了一首《送战友》，他在这次聚会上认识了黄飞燕。黄飞燕当时在波士顿往北4个小时车程的 Mount Holyoke[6]读书。她太孤独了,所以一放假就到波士顿来玩儿,刚好来参加我这个告别晚会。

我回国的时候是寒冷的冬天,那段故事太曲折了,细节就不说了。总之我最后落脚到一个叫万泉庄园的地方,在那里的 205 房间待了半年。我效率很高,每天疯狂地打电话,疯狂地招人,到 1996 年 4 月就上线了第一个中国数据库。当时田溯宁[7]等人刚刚把一帮 Sprint[8]的人拉出来成立亚信[9],他们已经用 Linux[10]建好了北京电信的第一个中国主干网底层系统,当时那个系统还不叫 163 网[11]。

当时我去找了北京电信的人,想让他们托管我们的服务器。我对他们说我现在代表美国的一家公司。我也没说是创业公司,只说是一家给美国华尔街提供数据服务的公司。我还提了个手提电脑,挺像那么回事儿的,因为当时手提电脑是很少见的。但是这次无功而返了。

虽然我回来就是要创立互联网公司的，但我同时又是美国 ISI 公司的首席代表，必须首先能访问 ISI 总部的网址，所以，需要先申请一个账号。

当时申请账号，就是一个人带着护照，到电报大楼去申请一个账号，然后拨号上网，那是在 1995 年 11 月。我大概于 1995 年 11 月第一次在中国上网。后来我记得我的一帮清华同学过来看我，在万泉庄园的那个特别小的屋子里面，我想让他们震惊一下。我说："看，这就是互联网。"然后我拨号、联网，把 Playboy 的官网打开，"哗哗"出来一屏幕的照片。当时我同学都惊呆了，问这是什么东西……

再后来，我又去找北京电信。在 1995 年 12 月下旬，北京电信终于被我说服了，同意把我的服务器搬到他们的机房中。何劲梅[12]是我招的第一个员工。我招的第二个员工是古风瑞，他是我清华大学计算机系的哥们儿，是兼职来帮我做事的。他帮我用不到两万元就买了一个主机，我们把主机运到北京电信的机房里。

我认为那是特别重要的一天，为了庆祝这个时刻，我拍了照，还带了酒，准备事后和他们庆祝一下，但是北京电信的两个哥们儿根本没意识到这件事的重要性，他们让我别拍了，别搞那么正式……

然后这个服务器就等于被托管了，应该是中国托管的第一台服务器。它用的域名是 ITC.co，当时通用的域名还不是.cn[13]，更没有.com[14]一说，国际互联网都是用.co[15]这一域名的。

当时，美国 ISI 公司在中国是没有域名的，所以，当时我以中国的域名申请了一个 ITC，事实上当时我已经想好了，将来这个 ITC 就用作我自己公司的名字（爱特信）了。 1996 年 4 月，我们从万泉庄园搬到长安街的光大大厦 20 层，就是全国总工会附近。

有了这台服务器之后，我迅速与各种数据库谈合作。首先是化工部信息中心，因为我在美国的时候是欧美同学会的成员，所以通过欧美同学会认识了化工部信息中心的主任；其次就是，我的清华大学校友给我介绍了一批人，其中几位重要的人包括国家信息中心负责网络的人，还有另外两家——新华社和《中国日报》的负责人。总之这四家——化工部信息中心、国家信息中心、新华社、《中国日报》——的数据库一上线，ISI公司的数据系统就运转起来了。

当时我与加里·穆勒谈的时候就说好了，允许我用这个服务器做一些创业的准备，同时，这些数据一传到美国的服务器上，就等于ISI公司开通了中国数据库。这件事让加里·穆勒印象特别深刻，他说："你回去才大概5个月，数据库就建起来了，华尔街就可以用了，很了不起。"后来他还邀请我去参加他们在布拉格的年会。

当时欧洲的波兰等国家被认作新兴经济体，因此把年会放在布拉格，我是作为中国区的代表参加的。在布拉格，加里·穆勒跟我说："既然你做得这么好，你就当我们在亚洲的负责人吧，先别创业了。"**我想了**

想说,我还是要创业。从布拉格开完会,我就直接乘坐飞机到美国去了。

1996年8月,ITC爱特信(北京)有限公司正式注册。

(供图:张朝阳)

光荣与梦想
互联网口述系列丛书

张朝阳篇

搜狐的首轮融资

贰 搜狐的首轮融资

你这次去美国就见到罗伯特[16]了吧?

* * *

我见到了罗伯特,问他:"你看我回国这段时间的业绩,而且我跟加里·穆勒说好了,我也想创业,你能不能给我投一笔钱?"因为我以前就认识罗伯特,他也表示对我做的事印象非常深刻,所以他说有兴趣,但没有敲定。

两个月后我又去了一次美国,再找罗伯特谈,他说他愿意投资给我。其实我当时对风险投资没有完整的概念，他说先要有一个估值，后来我暂定为 200 万美元，他还表示必须有另外两个人一起投资才行，因为一个人投资风险太大。后来我就开始各种奔波，那段时间融资很复杂，我找了好多风投[17]。

所以我最艰苦的时期就是 1996 年的 6 月到 9 月。最后通过别人介绍，我跟尼葛洛庞帝见了一下，尼葛洛庞帝听说罗伯特要投资后也比较感兴趣，因为罗伯特在 MIT[18]做投资是比较有名的，所以尼葛洛庞帝也打算跟进这个项目，但是不能敲定。他说 9 月在伦敦有一个先锋论坛（Vanguard），问我有没有时间过去给他们讲一讲。其实他是想在我讲的过程中，看看他同事们的反应。因为这些人都是计算机界的大腕儿，所以让他们也来评估一下我这个项目怎么样。于是我就又马不停蹄地从纽约乘飞机到伦敦。这段经历也是非常难忘，我没赶上飞机，护照又过期，乱七八糟好多事，

贰 搜狐的首轮融资

简直要累疯了。等我赶到伦敦的时候,尼葛洛庞帝已经去了泰国,但他让他的儿子来听了。他儿子听了以后,说我讲得还可以。

经过我在纽约和波士顿之间马不停蹄的奔波,与投资人进行了无数次的周旋和战斗,终于在这次伦敦之行后,尼葛洛庞帝同意投资 2 万美元。回来之后我就跟罗伯特在电话中讨价还价,他觉得我融到的钱太少了,他还需要说服他的学生一起给我投钱。有人说,犹太人特别能讨价还价,好像有点道理。他说我当时的估值 200 万美元太高了,要将交易前的估值砍到 70 万美元,他和布伦特·本德每人给我投资 7.5 万美元。

但是他的学生布伦特·本德也摇摆不定,本德的爸爸特别有钱,是一个大生物公司的 CEO。本德就是一个富二代,拿不定主意,同时,他在华尔街的老板不停地使坏,劝本德不要给我投资,所以,本德就听信了这个人的话，在纽约把我折磨得非常痛苦。但是最后本德还是听了他老师的话，跟着投资了。争取本德是一场很激烈的战斗，如果本德不投资，罗伯特也不投，一切努力就白费了。

后来尼葛洛庞帝听说罗伯特投了7.5万美元，就说他有机会可能要到中国看一看，之后再决定下一步是不是继续投资。

虽然现在看这笔钱不多，但这些早期的天使投资对当时的我来说已经是天文数字了。

我的第一笔融资真正到位是在1996年10月13日，共17万美元。我记得一年之后的10月13日，我们还在光大大厦庆祝了一下。当时他们投资后，占到了接近30%的股份。我个人大概还占70%。

海外注册是通过我在融资的过程中认识的一个美国合作伙伴（一位50多岁的女士，后来还跟我打官司）

给我介绍的律师帮忙完成的。这位律师叫提姆·班克罗夫特，是专门为MIT的学生提供创业做法律咨询的。1996年8月，他跟我一起到波士顿注册了爱特信公司。后来这位律师又给我办了一个特拉华州的法人注册，就是说我这个公司注册的办公地点在波士顿，但是法人等各个方面是在特拉华州注册的，因为美国的高科技公司多数在特拉华州。

国内注册的时间应该是在1996年年底之前。我记得当时去注册，管理部门说ITC一定要严格按照中文翻译，于是公司中文名定为爱特信。

张朝阳与爱德华·罗伯特

张朝阳与搜狐天使尼葛洛庞帝

1996年11月,爱特信公司获得第一笔风险投资,投资者包括麻省理工学院教授尼葛洛庞帝、爱德华·罗伯特。

(供图:张朝阳)

光荣与梦想
互联网口述系列丛书

张朝阳篇

向瀛海威"草船借箭"

1996年融到资金以后,我跟加里·穆勒说清楚了,就说光大大厦的那个办公地点由我们共同承担房租,服务器也都是大家共用的。虽然我已经开始做爱特信的业务了,但是ISI公司这边也帮忙管理。

1996年就这么结束了。

接下来就是尼葛洛庞帝访华。尼葛洛庞帝早就说要到中国来看一看,决定他是不是要对我增加投资。恰好这时候海南出版社出版了他的《数字化生存》,出版社的兰峰要推广、宣传这本书,就到处找推广的项目基金,找来找去找到了张树新[19]。张树新一看:"哇,这是世界的数字泰斗。"张树新的瀛海威[20]做的是网络,她觉得把这本书作为宣传瀛海威公司的一个渠道可能不错,所以,就同意赞助兰峰来推广这本书。后来他们想把作者请到中国来,于是找到了高红冰[21]和美国信息产业集团驻北京首席代表苏维洲[22]帮忙,苏维洲又向他们介绍了我,最后兰峰就找到我,我说我可以请尼葛洛庞帝来。

尼葛洛庞帝是我联系的。后来高红冰在张树新的"鼓动"下,也来和我讨论把尼葛洛庞帝请到中国来的事。张树新跟我在这之前就认识,我们一起吃过一顿饭,在信息科技大厦前面的一个饺子馆,应该是在1996年年底吧。

后来,大家就一起讨论请尼葛洛庞帝来的事。因为当时中国还在"解冻期",还没有完全开放,邀请一个美国教授访华是很大的事件。所以,为这件事,高红冰所在的信息化推进司要开会讨论,最后决定由信息产业部的另一个司邀请尼葛洛庞帝访华。

这次邀请正式得很罕见。我把这件事通过电子邮件跟尼葛洛庞帝说了，也把邮件传真过去了。当然，美国教授是来投资、想获利的，而邀请方则希望其传经布道，两方的目标还是有偏差的，这是后话。后来光为尼葛洛庞帝访华这件事大家就开了好几次会，我也因此去参加了几次专题会，但每次开会我都坐在边上，没有说话的份儿，我心里就不太高兴，心想我请来了尼葛洛庞帝，你们却把它当成自己的功绩，跟我没关系了。我甚至都想不参加他们这种会了，但后来受了另一个人的点拨，他说："尽管现在看，这次风头都被瀛海威抢走了，毕竟瀛海威是那么大的公司，你的团队就两三个人，但是**你何不利用这个机会四两拨千斤，就好像一记重拳朝你打过来，你把他的拳偏一下，借他一下力，打到你想要打的那个方向。**"我当时茅塞顿开。

后来整件事基本上是一次很精彩的"草船借箭"。那次之后，爱特信就非常出名了。

叁 向瀛海威"草船借箭"

尼葛洛庞帝访华是中国信息化进程的一个里程碑事件,而且是政府主导的。这件事搞得非常隆重,为做准备,把北京市信息界的人召集起来,专门开了个预备会,做了接待、会议、提问等各种细致准备,生怕丢脸、弄砸。那时中国还没有加入WTO,对国外情况了解尚不够多。张树新的公司当时有三四百人,其中总裁办及市场部的三四十个人,大概忙了两个月。

仅一个预备会就好几十人参加,最后正式会议实际到会的人有400名以上。会场在张树新的办公室旁边,是一个科技信息大厦,也在央视的旁边。当时中国大多数和信息化有关的人全都在,包括学者、官员。当时的企业不多,参会者更少。

那次影响比较大,尼葛洛庞帝在中国一下就出名了,几乎所有人都开始读这本书。我认为表面上这是一次政府主导的官方活动,实际上尼葛洛庞帝要到中国来看他的投资。当时请了一个翻译,这个翻译英语是不错,但是他不懂互联网,一些词翻译得不准。**我**

看到了这个机会,说他翻得不太对,然后就由我充当尼葛洛庞帝的翻译了。实际上,在翻译的过程中,我在脑子里就想好了计划。后来当记者问尼葛洛庞帝为什么到中国来时,尼葛洛庞帝说,他对中国感兴趣,觉得了解中国的最好的方法是投资中国,所以,他投资了 Charles[23] 的公司。然后大家都哗然,纷纷询问这是什么公司,于是我突然"出名了"。

因为张树新本意是想借尼葛洛庞帝来推广瀛海威,把瀛海威与世界数字泰斗联系起来的。所以,就总是在镜头前找机会和尼葛洛庞帝站在一起,我就使劲往他们俩中间站,这样镜头就能照到我。张树新可能不知道教授跟学生之间的关系很好,她认为尼葛洛庞帝到中国来肯定是来看瀛海威的。她也没有把握住细节——尼葛洛庞帝到中国来,瀛海威派了一辆车,但是由我来负责接送,所以,我先跟尼葛洛庞帝见面了。在从机场回来的路上,我就跟尼葛洛庞帝说:"有一个公司叫瀛海威,他们想要借你来访这件事宣传一下,但是我觉得在合适的时候,你还是要声明一下你到中国来的真正目的是什么。"所以,我们就如同进行了一次预演。

而且我还预先做了一些伏笔,我找了《中国经济时报》的一个哥们儿,我告诉他尼葛洛庞帝到中国到底干什么来了,把真实情况告诉他了;还有《北京青年报》,也把相关细节写了出来,这两篇文章的影响比较大。

第二天,尼葛洛庞帝去了张树新的办公地点,在那儿上一下网,查收一下电子邮件,但是当时瀛海威的办公网络是独立网络,并不完全是互联网,它与互联网之间还要再连一根线,收一个电子邮件要等很长时间。当时摄相机在拍摄,其他所有人都等在那儿,所以这就给瀛海威造成了一个不好的影响。不像我的办公室,虽然很小,但直接用的北京电信的线路,直接就连到了国际互联网。

这个事情当时也让张树新很恼火。

尼葛洛庞帝对整个宣传很满意，觉得他在中国还挺有影响力和运作空间的。之后他到我办公室说想看看ITC的网站。看过之后，他认为我的网站太原始了，他表示很失望。因为确实没什么东西，我的爱特信就只有ISI公司的几个数据库，就只与《精品购物指南》《小说月报》合作了一些内容，还有几个链接，剩下的就是赛博空间[24]，这个赛博空间就是未来的搜狐的雏形。

尼葛洛庞帝当时住在钓鱼台国宾馆，晚上我就带他逛北京，我们坐的还是瀛海威那辆车，我跟古风瑞一起坐在后面，尼葛洛庞帝坐在前面。车快开到天安门的时候，他说："Charles，我得付点钱了。"我当时心里"咯噔"一下，难道他还要为这次的招待费用付钱吗？然后尼葛洛庞帝说，就像他承诺的一样，他要追加注资了。我当时心花怒放，他说："明天早上咱们一块吃早餐吧。"我第二天一大早就去了钓鱼台国宾馆跟尼葛洛庞帝吃早餐，喝橙汁。尼葛洛庞帝说："我给你写一张支票吧，上次投了2万美元，这次再投5万美元，怎么样？"不过他又紧接着问我罗伯特投了多少，我说罗伯特投了 7.5 万美元。尼葛洛庞帝说那他也投 7.5 万美元，然后就写了一张 5.5 万美元的支票给我。我当时高兴得不得了，因为如果尼葛洛庞帝这次从中国回去之后不追加投资，罗伯特可能就会对我有看法了，他会觉得同一个项目他没有来中国实地考察，尼葛洛庞帝来了中国，也算是帮他看了一下，如果尼葛洛庞帝不继续给我投，那罗伯特以后可能也就不会再投钱了。

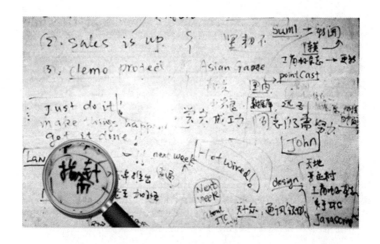

1997年2月,爱特信公司正式推出ITC中国工商网络,开启中国互联网商业化时代;8月,ITC工商网推出大型栏目"ITC指南针",该栏目就是搜狐网站的前身。

(供图:张朝阳)

光荣与梦想

互联网口述系列丛书

张朝阳篇

黑暗的再融资时期

尼葛洛庞帝想要投资热连线,他说我做的东西实在是太原始了,我下次到美国去时他帮我引荐一下,看看热连线是怎么样的,让我见识见识。

后来我就去了美国,去了硅谷,我记不清是尼葛洛庞帝还是罗伯特帮我联系的了,反正是通过 E-mail 沟通的,让我见了杨致远[25],大概是在 1997 年的 5 月。那时候我已经开始注意到赛博空间的流量比较大了。

我以前读过一本很重要的书,是当年安德鲁·梅森父子俩介绍的,书名叫作《互联网的一千天》,里面讲了很多模式,其中就有雅虎模式,我如痴如醉地读了。

后来我见杨致远时,我们聊了网上的流量分析。因为当时国内的几个 ISP[26],就是帮人们上网的互联网服务提供商,为了招揽生意都推出了一些内容产品,所以我先把 ISP 的链接给连上,然后我发现那儿的流量是最高的。当时我们还弄了《小说月报》《精品购物指南》,以及一些企业的网页,内容挺丰富的,结果发现做了半天的网页还不如那几个链接流量高。

我注意到这个现象后,又去读了那本书,见杨致远时又与他探讨了这个问题。他接着又说他那边已经开始做 Directory[27],我说我们这边也在做 Directory,他担心在中国做这个事情可能会受到许多限制,而且可能会面临一些风险。我说其实没那么严重的。我记得他作为雅虎的创始人很有雅虎的风格,自己也坐在一个办公隔间里面,然后另找了一个会议室和我谈的。后来再见他就是在 1998 年英特尔投资我公司之后了。

所以在英特尔投资之前的那段时间你也是比较辛苦的，是吧？

* * *

对，绝对辛苦。因为第一轮融资只有22.5万美元，中间还发生了打官司的事。

我在MIT认识了一个女同事，我回国创业以后，我问她能不能作为我在美国的代表帮我做一些事，而且还跟她签了一个协议，给她1.5%的股份。后来我发现她花钱大手大脚，而且性格也不太稳定，把我的银行卡的钱花没了。我觉得这样下去不行，我的业务是在中国的，她的工作我根本就不需要，于是我就跟律师商量，律师让我必须解决这个问题。

最后我们用5万美元和她解除了协议。所以我这22.5万美元只剩下17.5万美元了。我就用这17.5万美元一直熬到了1997年的9月，直到我再次开始融资。

当时的收入主要是靠给别人做网页,那时很多企业都想上网,我们就向别人介绍信息高速公路[28],建议他们在高速公路上立个牌子什么的。这就是主要收入,那时没有广告收入,还没发明广告呢。

那段时间我们的工资都快发不出来了,后来北京电信也想做内容了,开始做 169 项目。北京电信对这个项目招标,让几家公司来竞标,当时这个项目的经费好像是十几万元。我们面临的抉择就是要不要接这个项目,因为竞标的公司都需要递一个标书,也就是要设计一个特别好的网页,这样公司的所有人那一周都得去设计这个网页,就没时间去接其他客户的业务了。后来我们讨论了很久,最终决定还是要去竞标,我当时跟何劲梅和苏米扬[29]说:"现在工资快发不出来了,你们两个元老能不能忍受一下?这个月工资不发了。"那是在 1997 年的夏天吧。

后来陈剑峰[30]他们没日没夜地设计出了一个地球

主题的 169 的首页。当时有四家公司去竞标,分别是爱特信、瀛海威、亚信和比特网(Chinabyte)[31]。瀛海威经过 2 月那次战役之后,锐气削减了不少。他们投了这么多钱,搞了几个月,却让爱特信占尽了风头,因为这件事他们的办公室主任都被撤职了。最后,北京电信选了我们,这十几万元救了我们的命。因为如果我们拿不下来这个项目,公司真有垮掉的危险。

1997 年一整年,我每周末都在办公室,趴在地上写商业计划,思考互联网到底是什么模式,最后将其确定为广告模式、门户模式,并在最后一稿把 Directory 的搜索模式加了上去。到 9 月,我已经基本完成了一个完整的商业计划,回过头来看,这个计划也完全符合中国互联网在此后多年的走势。我记得是在 1997 年 9 月的某一天,我连夜完成了商业计划的最后一版,一直忙到早上 7 点,"啪"的一声回车键,就把最后版本给尼葛洛庞帝他们几位投资人发过去了,然后我立刻往机场赶,踏上了去美国第二轮融资的征程。

我首先到了旧金山，到那儿也是谁都不认识，先后找了几位投资人，从英特尔[32]到世纪投资[33]，再到软银[34]，最后到美洲银行[35]，美洲银行还把我这个商业计划的内容泄漏出去了。这四家里面最重要的就是美洲银行和英特尔。为什么说美洲银行重要呢？当时美洲银行的联系人是史蒂文森，他手下有一个叫本杰明的人，当时是互联网分析师中最牛的一个。华渊[36]此时也想让这个人帮他们融资。

这个人特别看好我的模式，他看了我的商业计划，说我这个模式是很有前途的，而且史蒂文森当场说给我投25万元。我从那个楼上下来，发现我的车已经被拖走了，但当时已无暇顾及了，我特别兴奋，回去马上给罗伯特打电话，说今天太有成就了，美洲银行答应投钱给我了。因为罗伯特觉得如果我融不到下一轮投资，他投的钱就要打水漂了，所以，罗伯特也特高兴。然后我一个人在一家餐厅美美地吃了一顿，高兴得手舞足蹈……哦，对，当时史蒂文森问我认不认识冯波[37]？我说不认识。他说冯波是负责他们在中国的业务的人。

等我回国后，史蒂文森那边迟迟没有消息，我就觉得很奇怪。过了 20 多天，那边突然说冯波到中国来了，来了以后跟我联系，我才发现原来冯波根本就不看好这个互联网，他看好的是王志东[38]。而王志东当时并不做互联网，他当时的中文之星[39]做得特别火，已经很有名气了。中文之星正想进行下一轮融资，就让冯波给他们融资。所以，冯波的倾向是要帮王志东，根本就没有想我这边的事。冯波来我这儿看也是在去王志东那里的路上顺便停留了 20 分钟，我心里特别失望，心想我等了 20 多天，他却只待 20 分钟，而且这 20 分钟里的大多时间他都在跟我说王志东的事。

冯波对我的商业计划根本就没兴趣。所以这个投资就没戏了，他们并没有投说好的 25 万元。这应该是 1997 年 10 月的事。

当时，我在软银见的是其投资部的人，这个人刚出了交通事故，是拄着拐杖来见我的。

后来我见了几次孙正义[40]，但是那次没见。而且我跟软银在1996年第一轮融资的时候就有一次擦肩而过，他们在波士顿有一个分部，我在第一轮融资的时候也找过他们，他们当时说刚刚投了UT斯达康[41]1000万美元，所以就不投我了。

另外，当时促使我去美国找英特尔融资的关键人物是简睿杰[42]，是英特尔在中国的总裁，那时李亦非[43]在帮他们做公关。当时英特尔的芯片需要大量的新用户，所以想投资一些做内容的公司，后来李亦非跟简睿杰说知道有一家叫爱特信的公司，介绍简睿杰来我这儿看了一下，后来我说我要到美国去融资，他们就帮我联系了。

这之间还有一件有意思的事是：我几次融资，汪潮涌[44]想投都没投上，特别遗憾；当时在光大大厦办公的时候，汪潮涌在 21 层，我在 20 层，我们午餐时就能见到。我第一轮融资的时候，汪潮涌说他要投资，但是我去美国待了好几个月，已经融到资了，他错过了第一轮。第二轮我要融资的时候，汪潮涌让李亦非来了，本来汪潮涌在我办公室跟我握手，说要投资，然而在和李亦非谈完以后，又说不投了。

后来是李亦非介绍了英特尔，简睿杰到我办公室来了一趟，让我去美国总部一下。我回国以后，英特尔又跟我联系，询问我无数的问题。

英特尔做事不是马上就告诉你结果，我当时跟英特尔"战斗"了几个月，特别特别累，但是最后他们还是投了。

所以，1997 年 9 月到 1998 年 3 月是我的"黑暗融资期"，在这段时期，我还跟 IDG[45]联系上了，另一边跟道琼斯[46]中国也有了联系，但是最主要的还是英特尔在谈，英特尔平均每天都要给我发五六封邮件，有时还要打电话过来，需要我随时回话。

那时候我是整天都在融资，同时每天又要工作，没日没夜待在公司。当时公司还是以帮别人做网页为主，北京电信那十几万元也能够发一段工资了，但是当时最紧急的是跟股东争取一个桥式贷款，我说我正在进行下一轮融资，但是现在快挨不过去了，需要桥式贷款。然后罗伯特、尼葛洛庞帝和本德每个人出了3万多美元，加起来10万美元。

桥式贷款就是下一轮融资没到位，你到达不了彼岸，这时就得搭一个桥，但是是有代价的：第一，你这10万美元要还；第二，还了以后你还要给出钱的人增加一些股份。

在融资继续进行的过程中，我就决定一定要推出搜狐。1997年11月，陈剑峰建议我说指南针这个产品太重要了，流量最大，那些时事新闻之类的内容都不重要。因此，在我的商业计划里最重要的一个旗舰产品叫Sohoo，然后我给它起了一个中文名字，最初想的是"搜乎"，之前一版的商业计划里用的也是"搜乎"。后来陈剑峰说中国文化还是要跟动物有点关系，既然有了一个雅虎，那干脆我们的产品就叫搜狐。我想了一两天，最后同意了，就这么定下来了。之后我们便在网上征集Logo设计等。陈剑峰还给了我一个重要的建议就是：必须把我自己炒作起来。

1997年年底及1998年年初，我们要搞一次隆重的发布会，发布搜狐，同时还要做广告。

当时我听说Chinabyte已经组建起来了，而且IBM还给它投了一个广告，Chinabyte是美国人默多克[47]派了一个人过来，帮《人民日报》组建的，宫玉国[48]当时也在那儿，我当时就说，我一定也要开始做广告。

因为热连线那次我已经感受到宣传的力量了，而且我现在都快没钱发工资了，下一轮融资还没到。当前最重要的业务是帮客户做网页，这一次我要把我们的潜在客户全拉来。虽然预算只有不到10万元人民币，大概是8万元人民币，但是请来的用户有三四百人，地点是北京饭店地下室。

那次一个广告商是牛栏山，另外一个广告商是爱立信。

当时我们邀请了几乎所有能请到的媒体，同时也在考虑能不能邀请简睿杰来参加，因为当时英特尔总部和简睿杰仍在内部深入讨论，到底投不投资爱特信。后来简睿杰传来消息说愿意参加我们的这次发布会。我心里特高兴，感觉这事有谱了，因为英特尔的人做事特认真。一旦他们的中国区总裁愿意来参加这个发布会，就说明这个投资是有可能的。尽管资金还没到位，我当时心里已经亮堂了。我们当时还安排他发言，那时外国人比现在稀少，更受尊重。1998年2月25号，搜狐正式推出。

1998年2月,爱特信(ITC)隆重推出中文网络神探——搜狐(Sohoo),并正式更名为搜狐公司,搜狐品牌诞生。

(供图:张朝阳)

2月这个会开完之后,英特尔在3月终于决定投资了。

英特尔投了70万美元,加上各种跟投,共有225

肆 黑暗的再融资时期

万美元，相当于第一轮的融资的 10 倍。

在英特尔敲定之前的那段时间里，我老是感冒，压力太大了。晚上英特尔那边还经常从美国给我打来电话，问我一些问题，我有气无力的，又不敢说我发烧，因为我怕他们听说我感冒后会觉得我身体不好，不给我投资了。总之就是特别惨。后来有一天早晨到公司，打开电子邮件，我都懵了。我当时就站起来疯狂喊叫，公司员工都说怎么了，我说："大家别工作了，咱们中午去聚餐，我们融资成功了！"中午大家就在国际饭店吃了午餐，下午我们一帮人还奔到密云水库，吃了虹鳟鱼。

光荣与梦想
互联网口述系列丛书

张朝阳篇

董事会之争

伍 董事会之争

后来,搜狐和我渐渐都出名了。其间有一个重大的宣传是纽约《时代周刊》做的。当时,《时代周刊》有一个资深记者约翰逊经常来中国,报道中国的高科技企业,而《时代周刊》中国区的负责人认识当时在搜狐工作的一个女孩,就这样找到了我,并对我进行了采访,后来我被《时代周刊》评为了"全球50位数字英雄"[49]之一。

这件事对我和搜狐比较重要。我是1998年10月去的美国,等我从美国回来的时候,《商界》就登了一篇文章,是关于"全球50位数字英雄"的。我刚下飞机,秘书就跟我说:"Charles,你现在是名人了!"这件事我记得特别清楚。

另外一件比较重要的事就是,1998年9月新加坡之旅,高盛[50]在新加坡搞了一个科技会议,当时中国的高科技企业已经开始崭露头角了。高盛第一次邀请了中国的高科技企业代表去参加,当时请了四家企业:亚信、搜狐、中华网和联想。马雪征[51]去了,田溯宁去了,姜丰年[52]去了,叶克勇[53]也去了。

叶克勇是做投资的,他最初跟新华社合作,推出了一个国中网,后来搜狐冉冉升起,他转而想和我合作。他当时投资的想法老是变来变去,就是在我找英特尔融资的那段时间。本来他们也要投,但最后一次通电话时我拒绝了。后来叶克勇就老去追姜丰年,姜丰年在中国台湾做了一个华渊网,希望进中国大陆市场,但是进不来。在那次会议上,我们三个人坐在一起喝咖啡,叶克勇去洗手间之际,姜丰年说:"Charles,

伍 董事会之争

咱俩合作吧,你要是不合作,我就和叶克勇合作了,你就没戏了。"然而叶克勇也找我合作,反正这关系有点儿乱。我跟姜丰年说,我肯定不愿意跟叶克勇合作了,因为此前他给我投资时老变卦,搞得我缺乏信心。但是对于姜丰年,我心里也没有合作意愿,因为我也是美国回来的,也懂门户、熟英语,华渊网又能给我在国内提供什么?我就对他说我们的董事比较难搞定,确实我那个董事会比较麻烦,基本上就等于婉拒了他;后来他又到北京找了我一次,我们还去中粮广场喝了咖啡,我还是无动于衷。然后他去见了王志东,谈了半个小时,双方就拍板了。

后来英特尔和其他几家公司追着要投资姜丰年,但姜丰年为了跟新浪合作就拒绝了,再后来是高盛一下投了6000万美元给他们,成就了新浪在搜狐之后的冉冉升起。

搜狐的董事会真的特别难搞定,导致我们拒绝了高盛的投资，把高盛也得罪了，高盛选择了投资新浪。1999年1月，尼葛洛庞帝第二次访华，当时搜狐表面上很繁荣，但是在管理上漏洞很多，甚至发生了现场有人把电源拔掉这种事情。

1999年7月，张朝阳"走"上《亚洲周刊》封面。

(供图：张朝阳)

伍 董事会之争

1999年是搜狐比较艰难的一年,一方面是董事会内部的各种乱七八糟的事;另一方面是审计认为我们在1998年收入的核算上面有不规范行为,导致董事会一定程度上对管理层失去信任,并导致很多人相继离职,陈剑峰也是1999年6月离开的。1999年的6月是一个"黑暗的6月"。

在英特尔投资以前,董事会成员是几位教授,比较好说话,很具有中国传统风格。在英特尔进来之后,就很难搞定了。

美国的董事会跟股份没关系。他们认为我是个学生,不懂管理,当时董事会五个人随时能把我说得无言以对,所以那时我最怕他们在一个城市开会。

董事会认为我不懂管理,就给我介绍了一个懂管理的美国CFO[54],我想既然准备在美国上市,找个美国的CFO也挺棒的。这个CFO是从传统行业来的,管理经验非常丰富，个人魅力很强，口才出众，但是他不懂互联网。当时，在公司内他的权力比我都大，什么事我都要跟他说，他再去跟董事会报告。然后他又招了一个外国人，给他当副手……**这样搜狐就有六个董事，其中五个是外国人，再加上一个 CFO 和金融副总裁，这七个人搞得我筋疲力尽。**他们外国人形成了一个圈子，经常地评价 Charles 最近又怎么了，哪儿又不好了，搞得我整天神经紧张。

公司上市之后，股价先扬后抑，跌到 1 美元以下，董事会找的这个 CFO 在最关键的时候辞职了，他辞职前还为自己在董事会争取了一个席位，然后让他招来的人做 CFO。所以，在 2000 年上市之后，我的日子却非常难过。当然，在外人看来，搜狐的高层团队很牛，有好多外国高管，其中的苦处，只有我知道。

伍 董事会之争

2000年7月12日,搜狐公司在美国纳斯达克挂牌上市。

(供图:张朝阳)

2000年上市之后,我们就把ChinaRen[55]收购了。ChinaRen是我主动收购的,因为当时我一个员工从北大毕业以后在单位里没事儿干,整天就在网上玩,有一天我从办公室出来，问他看什么网，他说："Charles，ChinaRen 这个网站特别火。"于是我就有了这个意向，我向来相信社区。后来一上市我们就想把这家公司收购了，当时 ChinaRen 已经"烧钱"烧得坚持不下去了。

2000 年 9 月，搜狐公司宣布收购国内最大的年轻人社区网站 ChinaRen.com。

（供图：张朝阳）

伍 董事会之争

话说回来,我一方面拼命炒作自己,另一方面在全国跑销售。一直到 2001 年 5 月,我在董事会上第一次获得了主导权。那次会议几乎是我的"分水岭"。

当时,董事会对我来说是最大的制约因素。不把董事会理顺,我每天没有办法好好工作。后来董事会有退出的成员把股份卖了,我就通过董事会的各种渠道发声,我说在中国做事就要了解中国的国情和特点,我们的董事会太西化了,肯定是会影响发展的。后来我就力主在董事会中增加一些本土力量。

再后来我还打退了北大青鸟的恶意收购。

这是一场战役,最后是在 2003 年收尾的。那些整日罩在我头上的疑云终于消散了。

我在董事会开始拥有了绝对权威。

现在,搜狐的董事会就剩下一个外国人,其他人陆续都走了——这当然是我争取过来的。我这个人本身就不着边际、异想天开、常常会做一些"冒天下之大不韪"的事情，当我摆脱压力，能自主决策的时候，我就开始反思。在搜狐建立和发展的过程中，我确实吸收了很多西方的商业理论。西方商业理论有硬指标，不像中国那么玄妙，在它的框架下运作虽然特别累，但也特别务实、特别具体、特别清晰。然而，我也看到了西方商业理论的两个弱点：一个是看局部而不重整体；另一个是看时间点忽视时间段——这就像拳击和太极拳的差别。但是，在终极意义上，二者是相通的：西方很多制度下的博弈，人的权力争斗和表面规则背后的性格碰撞、互相倾轧，其实跟中国是一致的。[56]

很多中国企业都存在类似问题——人们往往把在美国成功的经验奉为经典，导致一切都照搬照抄美国经验，但是中国有自己的国情和特点。许多企业都存在东西不同管理思路的选择问题，就是到底按西方的

经验做，还是按中国的实际情况去做。本地化有本地化的局限，它缺乏经验，容易走弯路。尤其在资本市场环境下，如果太本地化，则很难拿到国外的投资，但如果一味按照西方的方法去做，又和本地市场难接轨。所以，怎么吸收西方的一些好的做法，同时把那些急功近利的、教条的理论过滤掉，是一个值得研究的问题。就像开船，在美国，那里的市场已经很规范，像一片平静的海面，在那里航行你只要掌握正确、规范的操作技术即可。但在中国市场，可能有冰山或暗流，那些规范的、程式化的操作就没有用了，你要随时注意躲避冰山和暗流。我们都是真正面对中国市场的第一代企业家，都曾在中国这样一个不成熟的市场中探索发展之路。现在的风险投资家一把钱投进去就要求换管理层，这在硅谷可能行得通，但在中国，到哪儿去找有管理经验的人？有管理经验的人才积累还显得不够。国外投资者安排的人是有经验的，但他们有的是在西方的经验,而没有在中国的经验。所以,搜狐、新浪都走过这样的弯路,我们都曾迷信所谓的国际化管理经验,花了很多的钱,给自己设置了不必要的障碍。因此,选什么样的投资者就像选择配偶一样,投资者懂得管理,企业就会健康发展,反之,就会给企业的发展带来麻烦。[57]

2004年8月,搜狐推出搜狗品牌,搜狗搜索正式上线。

(供图:张朝阳)

光荣与梦想
互联网口述系列丛书

张朝阳篇

煮酒论英雄

当时为了上市这个事，你去跑了信息产业部吗？新浪网是不是跑得更多一些？

* * *

那段时间我感觉自己仿佛要被车裂似的，整天要跟董事会斗智斗勇，还要跑信息产业部，找赵志国[58]。

新浪网也跑得特别多，因为当时汪延[59]、王志东等几个管理层都是本地的，王志东基本上就"住"在信息产业部，他一天到晚都往那儿跑。

新浪网是 2000 年 4 月上市的，其实他们很早就想上市，但是一直在拖延，想要先形成 VIE[60]结构。那个时候，WTO 正当时嘛。这个最重要的路还是新浪网走通了。

当搜狐已经如日中天的时候，王志东还是在做软件，汪延是网络部的，可能是他去说服王志东，所以才促成了王志东与姜丰年的合作。姜丰年懂网络，是他把华渊做起来的。

最初，王志东并不是一个互联网的信仰者，也不是推动者，后来是因为跟华渊合并，他才开始介入互联网的。

当时，本土公司四通利方跟华渊网这样的国际化公司结合之后，形成了一个国际化的文化氛围，再加上高盛的投资，这个董事会的人员结构一下就变得很复杂。在董事会中外籍人士把握主导权的情况下,王志东这样一个本土企业家,就显得乏力了,所以,我觉得王志东离职是很自然的事情。当时每一位创业者都面临着离职的危机。

除了资本,这里面还涉及"文化优越感",就是西方文化的优越感,哪怕是一个海外的华人面对中国本土企业家,他都有着某种若隐若现的优越感。

当时投资人普遍对创始人不信任,而且资本的力量特别强大。现在大家都是围着创始人,即使创始人一句英文不会说也没关系,可以帮他翻译。但在当时,如果你不会说英文,他们会拿一套一套的管理理论压你,显得你特别不重要。

2000年,就是新浪网上市之后,王庆存[61]倡导召开了第一届互联网大会。

王庆存思想很开放。2000年之后，大家意识到互联网是一个媒体，政府主管外宣的部门开始关注互联网，他们较开明，反应也快。而传统通信领域中的人相对保守一些，在管理上显得反应慢、决策慢。

2000年的互联网的管理权转移，从信息产业部转到了主管外宣的国信办，是比较重要的变革。

现在的创业者只要设身处地想想当时国内外的环境形势，就知道我们创业有多难，就像在大地还没有解冻的时候就开始耕作一样。当然现在是夏天了，好像一切都顺理成章了，但是在当时，一个美国教授到中国来访问，大家都紧张忙碌得不得了。

2009年4月,搜狐旗下子公司畅游在纳斯达克成功上市,成为"2009中国第一IPO"。

(供图:张朝阳)

陆 煮酒论英雄

我觉得这么多年后你还能有这种干劲,真是不容易。

* * *

我休息了两年,现在重新开始工作了,各方面都在抓。

因为我早年精神太紧张,后来承受了一些刺激之后,身体就出了一些状况。 现在逐渐找到了正确的方法,正在康复的路上。

(本文根据录音整理,文字有删减,出版前已经口述者确认。感谢杨小榆等人为本文所做的贡献。)

语 录

○ 1995 年我刚回到北京时，麦当劳是唯一能喝到咖啡的地方，条件也很艰苦。我记得申请互联网账号也是一件非常神秘的事情，绝大多数人都不知道互联网是什么，甚至怀疑它的存在会对国家安全有威胁。[62]

○ 互联网就像攀岩，要么攀上去，要么掉下来。大网站之间竞争非常激烈，获取最终胜利的唯一法宝就是创新。[63]

○ 经过这两年，我认为钱多不是幸福的保证，我是过来人，我的钱够多了，想要什么就可以买什么，但是我居然这么痛苦。[64]

○ 中国有历史悠久的教育传统,中国人对教育的重视、自我牺牲精神、对家庭的责任心、为朋友两肋插刀的精神,等等。追求成功、追求物质生活之上的更高意义,能激发我们每代人的吃苦精神,督促我们琢磨怎么做事……这些都构成了中华民族勤劳、勤奋、勇于探索、不断研究的品质。我们吸收了西方人的形式逻辑和对规则的重视,加上我们的优秀品质,会在更大程度上创造更辉煌的成绩。因此,我们在走向世界、创造经济奇迹的道路上,要跨越三百年的自卑。在这新世纪刚刚揭开帷幕之时,我们要提前跨越三百年的自卑,以真正儒雅、平和的心态走向世界,走向未来。[65]

○ 中国很多做企业的人其实活得很累,他们在奋斗的道路上拼命奔跑,他们都在一种价值观下朝前走。这个价值观是社会定义的,源自从小父母的教育、学校老师的教育、电视台的教育、报纸杂志的教育。这就像一条小河,一棵大树横过来架在河上,就这一条路,无数蚂蚁沿着大树爬,看谁先奔到对岸——可我连这棵树都砍了,还有什么路?我为什么要过这个河?大家都是在一个价值体系下往上爬,而我是没有价值体系。这样我的焦虑很少,活得很轻松、很年轻,我到七老八十的时候,精神还是跟小伙子一样,大家都愿意来听我讲课——可能那就是我的归宿。[66]

链接

1996 年的时候我认识了张朝阳[67]

尼葛洛庞帝

首先我想说的一点是,我曾经把互联网当作每个人的朋友。

在那个时候,也就是在 20 世纪 70 年代,还没有出现互联网,整个世界可能也就只有三台计算机。

在 20 年之后,人们开始使用互联网,就像使用电话那样方便，可能大家不记得在20世纪80年代的时候，人们还没有把互联网投入到商业或是学术方面的研究和使用。

直到20世纪90年代，美国才真正进入了互联网时代。

对我而言，互联网的重要性不是拥有多少台计算机，而是互联网能使我们进入一个数字化的生活时代。所以，在1990年，我创办了一本杂志叫《有线杂志》，我们当时的初衷就是，希望把计算机带入人们的日常生活中。

1996年，我认识了张朝阳先生，他到MIT找到我，谈论互联网的问题，当时他对互联网还是一无所知的。但是对我来说，投资不是投资一个好的点、一个主意，而是投资一个人。

在后来的5年中，互联网在发展中国家发展得十分迅速。在村落中，学校没有图书馆，但是有几台计算机，通过计算机可以使孩子们迅速接触信息，接触互联网。

链接

互联网改变了很多东西,改变了很多价值观念,比如广告在这方面发生的变革。更重要的一点是它给人类的发展和教育带来了很大的变革。最近,我在柬埔寨的北部建了一所小学,这个地方没有电,也没有电视,但是我向他们提供了宽带网的技术,使孩子们能够在家里通过无线上网来获取信息。大家可能也不会感觉到吃惊,这些学生学的第一个单词是"Google"。我这么解释就是因为随着互联网的发展,随着互联网成本的不断下降,人们能够很早就了解一些发展的趋势。今后我要做的就是使人们能够有更多的上网途径,能够使现在还没有上网的50亿人有这种上网的途径。而要实现这个目标,我们必须解决现在面临的一个最大的障碍,就是计算机成本的问题。

价格这么高是不对的,没有必要这么高。同样拿我的笔记本电脑来说,尽管它是目前最昂贵、速度最快的笔记本电脑,也还是特别慢,不好用,计算机经过这么多年的发展还处在这样一个状况是不合理的。我们可以互动地提一些问题。

记者：您作为搜狐的投资人，搜狐的股票从最高的40多块钱，到现在回落，您作为投资人有着最直接的利益关系，怎么看待这个股票的涨跌？

尼葛洛庞帝：我觉得作为一个投资者，不应该那么贪婪。投资搜狐获得的是超乎想象力的回报。投资者和投机者的区别是，投资者没有投机者那么贪婪，实际上互联网产生那么大泡沫的原因就是因为投机者太多，太贪婪。从一个投资者的角度而言，甚至从任何角度而言，投资搜狐的回报是非常高的，要长期地看。

记者：您当时是否有投资失误？

尼葛洛庞帝：你问2000年投资有什么失误的话，我认为当时的投资是正确的。只是后来整个大盘的经济急转直下导致了一些失误。如果说失误的话，就是我投资感兴趣的领域，我投资不是为了赚钱，而是为了兴趣。

链接

记者：现在中国互联网无线增值和网络游戏成为两个很重要的盈利点，您当时是否意识到这个？您现在怎么看待这个结构？您觉得以后的中国互联网会在哪些方面获得更多的盈收？您通过投资搜狐到目前为止获得了多高的回报？

尼葛洛庞帝：首先，我投资搜狐时没有意识到无线和游戏会成为未来的一个增长点。未来发展的一个增长点可能是交易型的，也就是电子商务的前景。至于对搜狐投资的回报，我的回报是巨大的，也许，当时我投资《连线》这个杂志也赚到了相当数量的钱，但像这样的机会一辈子也不会碰到几次。

附 录

中国互联网公元第 8 年[68]

张朝阳

(于 2004 年)

互联网在中国短短的 8 年时间里实际上经过很多代的转折。在座的各位在 1996 年、1997 年、1998 年等不同年份加入互联网这个行业,很多代互联网人坐在一起,大家可能不太知道发生在 1995 年、1996 年、1997 年、1998 年的事情。例如,中国最早接触电子邮件的是钱华林先生等人,刚才的主持人胡泳是《数字化生存》英文版的中文译者。

今天是一个非常好的回顾和展望的时机,在世界互联网的发展过程中,1994年可以被认为是互联网元年。回顾早期,20世纪60~70年代美国军方发明互联网是为了防止地方被空袭之后通信中断;一直到了1989年,人类发明了超文本,应该说这是一种使大众共享互联网的方式。因此,互联网最初是掌握在搞核心计算的人的手里的。

1994年,有一个24岁的软件工程师利用超文本链接技术发明了一个浏览软件,这个软件叫Mosaic,并获得风险投资的青睐,得到了1000万美元风投,成立了公司,这个公司就是网景。网景曾创造了巨大的神话,不仅受到了实验室、大学科研人员的关注,更重要的是使得商业社会发现这样一个新的技术可以创造如此大的价值。

那么为什么把1994年称为互联网元年?因为网景

将使用互联网变得非常简单。人们使用网景的浏览器,可以不懂任何技术,只要单击要浏览的窗口即可。美国发生的事情两三年以后在中国大地也全面展开,那是在1997年,中国互联网元年应该是1997年。

当时有一个著名的公司叫瀛海威,它试图模仿美国在线的模式。美国在线也是一九八几年就成立的公司,是远远在人类互联网大革命到来之前的一个公司。瀛海威把互联网当成一个独立的孤岛,只提供信息服务,用拨号下载一些信息。到1996年年底,搜狐爱特信建立,参与了中国互联网商业概念,探讨最主流的事情。

1996年、1997年、1998年这几年间有两个时代,一个是瀛海威时代,另一个是搜狐时代。瀛海威是封闭的模式,而爱特信成立不久,我苦于没钱,飞回美国找尼葛洛庞帝和爱德华·罗伯特投资,尼葛洛庞帝这样一个技术专家和具有前瞻性的思想家能够看中这个名不见经传的小公司,使得爱特信的可信任度上了一个量级。

尼葛洛庞帝先生在1992年、1993年就投资《连线》杂志,应该说这是一本吹响数字化革命号角的杂志,包括后来的《连线》杂志网络版,也成为全球访问量最大的站点,超越雅虎。而且《连线》杂志网络版领先发明了网络广告等,使得互联网模式突然找到了一种在开放平台不收费的情况下创造收入的模式。对于整个互联网的发展,以及全人类未来数字化生存图景的描述,尼葛洛庞帝先生表现了极大的前瞻性。

尼葛洛庞帝在1992年、1993年、1994年《连线》专栏登载的内容组成了《数字化生存》这本书,书中大量的预言都被证明是正确的。尼葛洛庞帝先生在很早就说服了麻省理工学院,把一些有天赋的学生和软件工程师召集起来组成了媒体实验室,这也是一个巨大的创举。

美国的互联网和中国的互联网是不一样的，尼葛洛庞帝先生刚好投资了搜狐爱特信，而搜狐爱特信当时扮演了划时代的角色，推动了尼葛洛庞帝于1997年2月20日访问中国。当时高红冰、姜奇平、胡泳这些老朋友都是涉足中国商业互联网的第一代人，经历的激动人心的活动就是尼葛洛庞帝访华。尽管现在看来这是很简单的事情，但这是政府第一次邀请海外著名的思想家和未来学者来访问，在1995年、1996年是非常破天荒的事情。那次访华由当时具有很大规模的瀛海威公司承办，论坛有400多人参加，当时IT互联网领域的学者及从业者大多参加了。那次论坛应该说是整个中国互联网启蒙的开始，同时在商业模式上也是从封闭平台走向开放平台的转折点。当时爱特信只有4个人，瀛海威有400个人。那次会议之后，在1997年一年的时间里，我们从4个人发展到十几个人，一起探索互联网模式到底是什么。

我们刚开始先是建一个站点，现在这么多站点根本不算什么，但是在当时连建立一个站点的概念都是很有突破性的。而且这个站点不是由我们去管理它的技术，而是由当时刚刚建成的 ChinaNet 管理的。1996 年年底，在一个风雪交加的白天，搜狐爱特信租了一辆面包车，把一万多元的服务器送到北京电信的机房。我们把网络当成一个开放的人类"新大陆"，这个"大陆"上有很多内容提供商建立内容，把服务器托管。我们没有信息执照，只能是免费的，开放平台从此开始了。

我们还思考到底怎么在网上放内容，刚开始放了很多内容，包括《小说月报》《精品购物指南》，我们还谈了一些报纸合作，准备雇佣一些记者或写手来写一些原创内容，后来这样的想法被否定了。1997 年王建军[69]加盟我们公司做兼职。北京有爱特信站点，南方可能也有类似的站点，正如北京也有"瑞得在线"，我让他把这些东西整合一下，不用我们自己找人写东西，成本也低。

我们的兄弟公司热连线的 CEO 也访问了中国，他还在美国拜访了杨致远和雅虎，当时他对中国有想法，但一直没有想好到底怎么做。因为他对中国的政策不太了解，当时没有下定决心。我回来之后一方面学习热连线，另一方面又否定了热连线的方法，因为热连线有很多记者来写文章，往上面放内容，我们觉得成本无法控制。我们的种子基金很少，无法雇这么多作家写东西。当时雅虎的名气还不大，也是在做分类，我们殊途同归，特别注重分类链接。1997年11月我们起了一个名字叫"搜乎"，后来改成搜狐，开启了互联网的"门户时代"。

互联网是新的大陆，所有的内容共享，到这儿来不是在你们本地阅读一些内容，这不是一个电子出版物。到了这儿是为了去其他地方，这是一个门口，是一个港口。

我们不去做内容，充分做链接、做搜索，把别人导入到很多地方,这体现了互联网的性质。我们找到了互联网的精神本质,致力于社区的建设,包括多对多的思考,包括聊天室、电子邮件、个人主页。后来收购 ChinaRen 的做法,以及热连线还是一直做电子出版,最后不得不卖给另外一家公司这一例子,均证明抓住互联网本质的公司都活下来了。1996 年和 1997 年交替之时确实是互联网元年,尼葛洛庞帝的访问协助了中国互联网的发展。

后来的故事很多记者朋友都很熟悉了,包括上市、融资,以及现在的一系列增值应用。通过尼葛洛庞帝第三次访问中国这个大好机会,很多老朋友、新朋友集聚在一起,回忆激动人心的中国互联网走过的第一个八年是非常有意义的,对于我们将来的发展有很多指导意义。

搜狐在历史上也有失误,如果我们百分之百没有失误,可能就不会产生竞争对手。我们有一些失误,但是我们也总结经验。2004年7月,搜狐将重塑搜狐搜索。请大家记住在中国,中文搜索是从搜狐开始的,记住2004年有一个非常好的游戏叫《刀剑在线》。对于搜狐未来能走下去而且走得非常好,能成为最后的赢家,我们非常有信心。可能在座的一些合作伙伴、竞争对手会不同意我这个观点。

在这个领域,正是因为大家互相竞争、互相合作,才能把整个产业托起,使得每个管理层更好地进行管理。中国的互联网已经产生很多原创技术,说中国公司没有高技术是不对的,我们有很多好的技术。我相信,再过五年,中国的互联网产业和整个IT产业不仅在用户数量和规模上能够领先世界,而且在技术创新和产业规模上也能够真正领先世界。

谢谢大家!

相关人物

"互联网口述历史"已访谈以上相关人物,其"口述历史"我们将根据确认、授权情况陆续推出,敬请关注!

访谈手记

方兴东

在中国互联网发展历程中,张朝阳是最典型的代表人物之一。首先,张朝阳的名字从头到尾贯穿中国互联网发展过程;其次,无论是门户、搜索、电商、社交媒体、视频还是游戏,中国互联网最重要的商业模式的确立,他都参与其中,虽然没能独领风骚,但他的那种执着、勤奋和坚守,也是其他人不可比拟的。

2017年,搜狗公司上市了,张朝阳依然是很兴奋的样子,这已经是他第三个在美国上市的公司(第一个当然是搜狐,第二个就是游戏公司畅游)。一而再,再而三,对于张朝阳来说,公司在美国上市这个游戏好像有点乐此不疲。

在诸多关键的中国互联网英雄人物中,张朝阳可以说是我最早认识的人之一。那时候,搜狐还叫爱特信。我因为写信息技术(IT)方面的文章开始在业内小有名气。我的老乡陈剑峰是绍兴人,典型的"师爷"角色。当时正是互联网破土而出的初期。陈剑峰先约上我,一起聊得非常投机,然后就约了他的老板,要把他的老板推上媒体的风口浪尖。陈剑峰的老板就是张朝阳,他希望我写一本介绍张朝阳的书。于是,我们在某个酒吧见了面。虽然我的记性很差,记不住很多细节,书也没有真正写成(主要是我没有动力),但是,张朝阳依然给我留下了很深刻的印象:那时候的张朝阳充满了理想和激情,谈的主要还不是互联网,不是融资上市,甚至也不是任何商业化的话题,而是讲他希望如何变革中国的教育体制,改变中国的社会。张朝阳像一位诗人,和我过去一样,是一个满怀理想的文学青年。

后来张朝阳的企业成功了,他也上了《时代周刊》,成为各个媒体的宠儿。时日,席卷整个社会的互联网热潮开始了,那时候,我即使再想写张朝阳的书,他也没时间接受采访了。但是,我会经常参加搜狐的重要发布会,也会经常和张朝阳一起聊天。与陈剑峰不同,和张朝阳交往很难有真正深交的感觉。我想这种感觉不是我独有的,而是他的个性所在。在所有写张朝阳的文章中,我始终最欣赏柴静的那篇《张朝阳:不知道为什么而奋斗》。"36岁了,像我这样年龄的人应该是找到为什么而活着的时候了——为了房子、车、孩子……但我找不到依托,不知道为什么而奋斗……"

十多年之后,我和张朝阳说起那篇文章,他也认同我的评价。那篇文章已经发布十几年了,张朝阳也三次登陆美国股市,其个人财富虽然无法在财富榜上挤到最前列,但是,他早已经实现了个人财务自由。今天的张朝阳是否已经找到了奋斗的目标?我还是很怀疑。

访谈手记

2000年的时候,互联网冬天来了,这之前陈剑峰也已离开了搜狐,我和张朝阳的接触就少了,但是,在心里依然是老朋友的感觉。与张朝阳相处时虽然无法拉近彼此的内心距离,但是,你可以真切感受到这个人很真实。他是业界的好人,始终恪守着自己的行事原则。

几年未见之后,我们约定了这次的访谈。地点不是在最初的长安大剧院办公室,也不是在清华东门的搜狐大厦,而是位于中科院融科大厦附近的他自己建造的大楼,宽敞明亮。

虽然张朝阳是中国互联网早期的符号,搜狐也是当年主导中国互联网的三大门户网站之一,但是,今天BAT(百度、阿里巴巴、腾讯)的市值已经高达5000亿美元,搜狐、畅游和搜狗等公司加起来的市值还不到100亿美元。这种差距已经不是一两倍,甚至不是10倍,而是50倍了。这种落差的确让人感到可惜可叹。但是,与早期互联网的先驱们相比,张朝阳无疑是坚持到今天的最成功的人之一,或许丁磊的网易过得更好一些吧,其他人都已经被甩下了。

20多年来,张朝阳给我的印象不仅是那种隐约存在的距离感,更是他所散发出的那种随身而至的紧张感。他的那份沉重始终写在他那张可以与松树比拼沧桑感的脸上。

我不知道,今天的张朝阳还有没有我第一次见到他的时候那种想要改变中国社会的理想了。我当然更喜欢那时候的他。因为,我自己迄今还是一个纯粹的文学青年,本性难移。我希望张朝阳当年的那份情怀有一天会被引爆:"也许……我的生活里其实还是有一条规则的,就是希望国家富强。"

图为方兴东采访张朝阳当天的访谈笔记（部分）。

其他照片

2000年2月,搜狐公司成立两周年庆典大型音乐会——《万众豪情搜狐夜》。

2000年12月,搜狐公司正式推出无线互联网定制收费服务,即搜狐手机短信(SMS)。

2002年7月,搜狐公司成为"三大门户网站"中首个宣布盈利的公司。

2003年,为纪念人类登顶珠穆朗玛峰50周年,"2003中国搜狐登山队"成功登上珠穆朗玛8848.13米的顶峰,搜狐实现对整个登山活动的全程彩信直播报道。

2003年11月,搜狐完成对17173.com、焦点房产网的两大战略并购。

2004年8月,张朝阳荣获"年度杰出经理人奖",国际管理学界最高奖项首次花落中国。

2005年4月,搜狐宣布收购中国领先的在线地图服务公司Go2Map。

2005年11月,搜狐正式成为2008年北京奥运会赞助商,成为奥运史上第一个互联网类别赞助商。

其他照片

2006年3月,搜狐公司董事局主席兼首席执行官张朝阳先生受邀敲响纳斯达克开市钟。

2007年3月,搜狐联手清华大学建立联合实验室,以搜索技术发展人工智能。

2007年10月,张朝阳率队成功登顶青海玉珠峰,圆满完成"奥运火炬上珠峰"网络报道演练。

搜狐在2008北京奥运会期间,创造了中文网站乃至全球互联网的多项报道纪录,圆满完成2008年北京奥运会报道任务。

其他照片

2008年5月,搜狐作为互联网独家现场直击奥运圣火上珠峰,成为全球唯一一家参与现场直播奥运圣火登顶珠峰的网络媒体。

2009年9月,由搜狐发起的"中国网络视频反盗版联盟"正式启动。

人名索引

本书采用随文注释的方式。因书中提到人物较多,一些人物出现多次,只有首次出现时,才会注释。为方便读者,特做此索引,并在人物后面注明其首次出现的页码。

A

爱德华·罗伯特(Dr. Edward B. Roberts)…023

C

陈剑峰……………………043

人名索引

F

冯　波 ……………………046

G

宫玉国 ……………………050

高红冰 ……………………031

H

黄飞燕 ……………………016

何劲梅 ……………………018

J

简睿杰（Jim Jarrett）………047

姜丰年 ……………………056

L

李亦非…………………047

鲁伯特·默多克（Keith Rupert Murdoch）………050

M

马雪征…………………056

N

尼古拉斯·尼葛洛庞帝（Nicholas Negroponte）…015

S

苏维洲…………………031

苏米扬…………………043

孙正义…………………047

T

田溯宁················017

W

王建军················087

王志东················046

王庆存················070

汪　延················068

汪潮涌················047

X

熊晓鸽················014

Y

杨致远················040

叶克勇（Peter Yip）…………………………056

Z

赵志国……………………068

张树新……………………030

参考资料（部分）

[1] 张朝阳. 寄语2000年——跨越三百年自卑[N]. 中国青年报，2000-01-10.

[2] 杨晖，彭国梁，江堤. 新青年——精英访谈[M]. 长沙：湖南大学出版社，2000.

[3] 刘韧，李戎. 中国.COM[M]. 北京：中国人民大学出版社，2000.

[4] 关山. 中国网络梦之队[M]. 北京：北京图书馆出版社，2000.

[5] 阳光. 搜狐传奇[M]. 沈阳：辽宁人民出版社，2001.

[6] 于东辉. 张朝阳访谈：面对媒体压力，我在解释[J]. 中国经营报，2001-04-03.

[7] 李导龄，陈小平. 张朝阳本色[EB/OL].（2003-07-09）. http://home.donews.com/donews/article/4/48657.html.

[8] 张朝阳. 张朝阳演讲实录：中国互联网公元第 8 年[EB/OL]. 搜狐 IT,（2004-04-13）. http://it.sohu.com/2004/04/13/12/article219821293.shtml.

[9] 林木. 网事十年：影响中国互联网的一百人[M]. 北京：当代中国出版社，2006.

[10] 冯嘉雪. 张朝阳：玩物不丧志[J]. 中国新时代，2007(11).

[11] C114 中国通信网. 搜狐公司董事局主席兼首席执行官张朝阳[EB/OL].（2008-03-11）. http://www.c114.net/persona/390/a265539.html.

[12] 林涛，雷晓宇. 张朝阳：不断地自我删除[J]. 中国企业家，2008(15).

[13] 林军. 沸腾十五年:中国互联网 1995~2009[M]. 北京:中信出版社,2009.

[14] 陆新之. 电子商务创世纪[M]. 北京:中信出版社,2013.

[15] 袁茵. 张朝阳:我什么都有,但是我竟然这么痛苦[EB/OL].(2014-08-21). http://www.iceo.com.cn/mag2013/2014/0821/293963.shtml.

[16] 国家互联网信息办公室,北京市互联网信息办公室. 中国互联网 20 年:网络大事记篇[M]. 北京:电子工业出版社,2014.

[17] 新京报. 大变局——全球互联新未来[M]. 北京:中央编译出版社,2015.

[18] 闵大洪. 中国网络媒体 20 年(1994—2014)[M]. 北京:电子工业出版社,2016.

编后记 1

站在一百年后看

赵 婕

热闹场中做一件冷静事

昨天、去年的一张旧照片、一件旧物,意义不大。但,几十年、上百年甚至更久之前,物是人非时的寻常物,则非同寻常。

编后记 1

试想,今日诸君,能在图书馆一角,翻阅瓦特发明蒸汽机的手记,或者蔡伦在发明纸的过程中,与朋友探讨细节之往来书帖。这种被时间加冕的力量,会暗中震撼一个人的心神,唤起一个人缅怀的趣味。

互联网在中国,刚过 20 年。对跋涉于谋生、执著于财富、仰求于荣耀、迷醉于享乐、求援于问题的人来说,这个工具,还十分新颖。仿佛济济一堂,尚未道别,自然说不上怀念。

人类的热情与恐惧,更多也是朝向未来。

一件事情的意义,在不被人感知时,最初只有一意孤行的力量。除了去做,还是去做,日复一日。一个人,不管他是否真有远见,是否真懂未雨绸缪,一旦把抉择的航程置于自己面前,他只能认清一个事实:航班可延误,乘客须准点。

一切尚在热闹中,需要有人来做一件冷静事。

方兴东意识到，这是一件已经被延误的事情，有些为互联网开辟草莱的前辈，已经过世了。在树下乘凉、井边喝水的人群中，已找不到他们的身影。快速迭代的互联网，正在以遗迹覆盖遗迹。他遗憾，"互联网口述历史"（OHI）还是开始得晚了一点，速度慢了一点。他深感需要快马加鞭，需要得到各方的理解与支持。

提早做一件已延误的事

步履维艰的祖母费力地弯腰为刚学步的孩子系上散开的鞋带，在有的人眼里，是一幅催人泪下的图景。一种面向死亡和终极的感伤，正如在诗人波德莱尔眼里，芸芸众生，都只是未来的白骨。

本杰明·富兰克林说："若要在死后尸骨腐烂时不被人忘记，要么写出值得人读的东西，要么做些值得人写的事情。"

编后记 1

中国步入互联网时代以来,已有许多人做出了值得一书的事情。

然而,"称雄一世的帝王和上将都将老去,即使富可敌国也会成灰,一代遗风也会如烟,造化万物终将复归黄泥,遗迹与藩篱都已渐渐褪去。叱咤风云的王者也会被遗忘……"

因此,需要有人再做一件事:把发生在互联网时代里,值得记载的事情,记录下来。

必然的历史,把偶然分派给每一位创造历史的人。当初,这些人并不曾指望"比那些为战争出生入死的人更为不朽",今日,还顾不上指望名垂青史。

来记录这段历史的人,绝不是为某人歌功颂德,而是要尽早做一件已延误的事。

那些发生的事情的来龙去脉,堆积在这个时代的身躯上。对重史崇文的中国人,自然会懂得民族长存的秘密，与汉字书写、与"鉴过往知来者""宜子孙"的历史和渊源流长的中华文化密切相关。

过去仍在飞行

2007年年初，《"影响中国互联网100风云人物"口述历史》等报道出现在媒体上。接受采访的方兴东说："口述历史大型专题活动，将系统访谈互联网界最有影响力的精英，全面总结互联网创新发展经验。"

当时，互联网实验室和博客中国共同策划的口述历史大型专题活动在北京启动。这是"2007互联网创新领袖国际论坛"的重要组成部分。该论坛由原信息产业部指导，互联网实验室等单位共同举办。科技中国评选"影响中国互联网100风云人物"。

口述历史的对象，主要来自评选出的100位风云人物，包括互联网创业者、影响互联网发展的风险投资和投资机构、互联网产业的基础设施建设者、对互联网产业影响巨大的国内外企业经理人、互联网产业的思想家和媒体人乃至互联网产业的关键决策者,以及互联网先行者和技术创新的领头人。

方兴东认为,这些人物是互联网产业的英雄,他们富有激情和梦想,作为中国互联网的先锋人物,曾经或现在战斗在中国互联网的最前沿,对促进中国互联网发展做出了不同的贡献。口述历史,将梳理他们的发展历程,以媒体的视角来展示历史上精彩的一页,为互联网产业下一个10年的创新发展提供有益的参考。

在关注眼前、注重实效的现今业态下,人们似乎更乐于历史的创造,而非及时的回顾,尽管互联网"轻舟已过万重山",矜持的历史创造者们,恐怕还是认为"十几年太短"。

记述历史和写作并不是方兴东的主业,他自己也在创业,企业的责任和负担无人替代他。所以,几年来,他见缝插针,断断续续访谈了几十人。在这个过程中，思路也越来越清晰。

2014年春，中国互联网发展20周年之际，方兴东正式组建了编辑出版"互联网实验室文库"的团队，"互联网口述历史"成为了这个团队的首要工作。

"在采摘时节采摘玫瑰花苞。过去仍在飞行。"

在方兴东眼里，中国互联网20年来得太激动人心了。互联网的第三个10年又开启了。很多人顺应、投入了这段历史，无论其个人最终成败得失如何，都已成为创造这段历史的合力之一。可能接下来互联网还会越做越大，但是最浪漫的东西还是在过去20年里。他觉得应该把这些最精彩的东西挖掘出来。趁着还来得及，有些东西需要有人来总结。有些人的贡献，值得公正、精彩、生动、详细地留下记录。

正是这样一个时代契机，各年龄、各阶层、各行业的草根或精英，有人穷则思变，有人"现世安稳岁月静好"，但都从各个位置，甚至是旁观位置，加入了这个"时代合唱",成就了一种不谋而合的伟大,造就了乱花迷眼的互联网江湖。

方兴东自认为,投入"互联网口述历史"这件工作量巨大的事情,也有一些不算牵强的前提。他出生于世界互联网诞生的 1969 年,在中国出现互联网的 1994 年,他恰好到北京工作。他的故乡浙江是中国另一个巨大的"互联网根据地"。二十年间,他奔波北京、杭州之间,足迹留到全国各地,全程深度参与中国互联网事业,与各路英雄好汉切磋交往,也算近水楼台,大家能坦诚交谈,让这件事发生得十分自然。

还原互联网历史的丰富性

众所周知,互联网是一个不断制造神话又毁灭神话的产业,这个产业的悲壮和奇迹,出于无数人的努力奋斗、成就辉煌、前仆后继。

就如方兴东所说:"即使举步维艰,互联网天空,依然星光闪耀。至于现在这颗星星还是不是那颗星星，并没有太多的人关注。新经济、泡沫、烧钱、圈钱、免费、亏损，等等，几个极其简单的词汇，就将成千上万年轻人的激情和心血盖棺论定了——剔除了丰富的内涵，把一场前所未有的新技术革命苍白地钉在了'十字架'上。既没有充分、客观地反映这场浪潮的积极和消极之处，也无法体现我们所经历的痛楚和欣喜。"

从"互联网口述历史"最初访谈开始，方兴东希望尽力还原这种"丰富的内涵"。

在中国互联网历程中过往的这些人物，不会没有缺点，也不可能没有挫折。起起伏伏中，他们以创新、以创业、以思想、以行动，实质性地推动了中国互联网的发展进程。"互联网口述历史"希望在当事人的记忆还足够清晰时，希望那些年事已高的开拓者还健在时，呈现他们在历史过程中的个性、素养和行为特质，把推进历史的坦途和弯路地图都描绘出来，以资来者。

在讲述过程中，个人的戏剧性故事，让未来的受众也能在趣味中了解口述者的人生轨迹和心路历程。

因此，"互联网口述历史"最初明确定位为个人视角的互联网历史，重视口述者翔实的个人历程。在互联网第一线，个人的几个阶段、几种收获、几个遗憾、几条弯路，等等；如果重来，他们又希望如何抉择，如何重新走过？概括起来，至少要涉及四个方面：个人主要贡献（体现独特性）、个人互联网历程（体现重要的人与事）、个人成长经历（体现家庭背景、成长和个性等）、关键事件（体现在细节上）。

但互联网又是个体会聚的群体事业。在中国互联网风风雨雨的历程中，在个人之外，还有哪些重要的人和重要的事，哪些产业界重大的经验和惨痛的教训，哪些难忘的趣闻逸事，如何评说互联网的功过得失及社会影响，等等，也是"互联网口述历史"必不可少的内容。

多元评价标准

"互联网口述历史"希望有一个多元评价标准。方兴东认为，目前在媒体层面比较成功的人士，他们的作用肯定是毫无疑问的。这么多用户在用他们的产品，他们的产品在改变着用户。我们一点都不贬低他们，同时也看到，他们享受了整个互联网所带来的最大的好处。中国互联网的红利给少数人披红挂彩。他们是故事的主角，但参演者远远大于这个群体。所以，"互联网口述历史"一定是个群像，有政府官员、投资者、学者、技术人员和民间人士等，当然，企业家是主角中的主角。

很多人很想当然地觉得，中国互联网在早期很自然就发生了。实际上，今天的成就，不在当初任何人的想象中，当初谁也没有这个想象力。"互联网口述历史"尤其不能忽略早期那些对互联网起了推动作用的人。当时，不像今天，大家都知道互联网是个好东西。当初，互联网是一个很有争议的东西。他们做的很多工作很不简单，是起步性的、根基性的，影响了未来的很多事情。当年，似乎很偶然，不经意的事情影响了未来，但其发生和发展，有其内在的必然性。这些开辟者，对互联网价值和内在规律的认识，不见得比现在的人差。现在互联网这么热闹，这么丰富，很多人是认识到了，但对互联网最本源的东西，现在的人不见得比那时的互联网开创者认识得深。

时势造英雄

生逢其时，每一位互联网进程的参与者，都很幸运，不管最后是成功还是失败，有名还是无名。因为这是有史以来最大的一次技术革命浪潮。这个技术革命浪潮，方兴东认为，也要放在一个时代背景下，包括改革开放、九二南巡，包括经济发展到一定阶段，电信行业有了一定基础，这些都是前提。没有这些背景，不可能有马云、马化腾，也不可能有今天。

方兴东认为，不能脱离时代背景来谈互联网在中国的成功，其一定是有根、有因、有源头，而不是无中生有、莫名其妙，就有了中国互联网的蓬勃发展。

20世纪80年代的思想开放,与互联网精神、互联网价值观,有很多吻合之处。中国互联网从一开始,没有走错路、走歪路,没有出现大的战略失误。从政府主营机构,到具体政策的执行人,到创业者,包括媒体舆论。

中国特色互联网

中国与美国相比,是一个后发国家。互联网的很多基础技术、标准、创新都不是我们的,是美国人发明的,我们就是用好,发扬光大,做好本地化。方兴东认为,对于更多的国家来说,中国的经验实际上更有参考价值。因为相对于这些国家来说,中国又变成了一个先发国家。毕竟,现在全世界,不上网的人比上网的人要多。更多国家要享受互联网的益处,中国具有重要参考意义。因此,"互联网口述历史"具有国际意义。我们做这些东西,不是为了歌功颂德,而是为了把这些人留在历史里,才把他们记录下来。

不能缺席的价值观

互联网在中国的成功,毫无疑问,超出了所有人的想象。但是,方兴东认为,中国互联网仍存在明显的问题,例如,过分的商业化、片面的功利化、时髦和时尚借口下的浅薄化存在于互联网当中,而且可能会误导互联网发展。"互联网口述历史"希望在梳理历史的过程中,能把这些问题是非分明地梳理出来。

从理想的角度来看,互联网应该成为推动整个中国崛起的技术的引擎,它带来的应该是更多积极、正面的力量、方便和秩序。互联网的从业者,包括汇聚了巨大财富和社会影响力的人,如果他们能够有理想,互联网在中国的变革作用会大得多。互联网的大佬们是巨大财富和巨大影响力的托管人,他们应该考虑怎样把自己的财富和影响力用好,而不是简单作为个人的资产,或者纯个人努力的结果。在个人性和公共性方面,如果他们有更高的境界、更清醒的意识和更多的自觉，会比现在好得多。现在，总体上来说，是远远不够的。

方兴东认为，中国互联网20年来，真正最有价值、最闪光的东西，不一定在这些大佬们身上，反倒可能在那些不那么知名的人身上，甚至在没有从互联网挣到钱的人身上。推动中国互联网历史进程关键点的人，也不一定是这些大佬。因此，"互联网口述历史"采访名单的甄选，是站在这样的观点之上的，可能与有些媒体的选择不同。

站在一百年后看

中国互联网的历史，从产业、创业、资本、技术及应用等方面看，是一部中国技术与商业创新史；从法律法规、政府管理举措、安全等方面看，是一部中国社会管理创新史；从社会、文化、网民行为等方面看，是一部中国文化创新史。

编后记 1

目前，我们在国内采访的人物已达 100 余位，主要是三个层面的人物，能够全景、全面反映中国互联网创业创新史。以前面 100 个人为例，商业创新约 50 人，细分在技术、创业、商业、应用和投资等层面；制度创新约 25 人，细分在管理、制度和政策制定等层面；文化创新约 25 人，细分在学术、思想、社会和文化等层面。他们是将中国社会引入信息时代的关键性人物，能展示中国互联网历史的关键节点。采访着眼于把中国带入信息社会的过程中，被访者做了什么。通过对中国互联网 20 年的全程发展有特殊贡献的这些人物的深度访谈，多层次、全景式反映中国互联网发生、发展和崛起的真实全貌，打造全球研究中国互联网独一无二的第一手资料宝藏。

王羲之曾记下永和九年一次文人的曲水流觞的雅事，"列叙时人，录其所述"，让世世代代的后人从《兰亭集序》的绝美墨迹中领略那一次著名的"春游"，"虽世殊事异，所以兴怀，其致一也。后之览者，亦将有感于斯文。"

方兴东希望通过"互联网口述历史"项目的文字、音频、视频等各种载体,让一百年后的人、甚至是更远的未来者看到中国是怎么进入信息社会的,是哪些人把这种互联网文明带入中国,把中国从一个半农业、半工业社会带入了信息社会。

2014年,从全球"互联网口述历史"项目的工作全面展开,到2019年互联网诞生50周年之际,我们将初步完成影响互联网的全球500位最关键人物的口述采访工作。这一宏大的、几乎是不可能完成的任务,正在变为现实!

编后记 2

有层次、有逻辑、有灵魂

刘 伟

"互联网口述历史"的维度与标准

"互联网口述历史"(OHI)是方兴东博士在 2007 年发起的项目,原是名为"影响中国互联网 100 人"的专题活动,由互联网实验室、博客网(博客中国)等落实执行。在经过几年的摸索与尝试后,2010 年,方兴东博士个人开始撸起衣袖集中参与和猛力突击。因此,"互联网口述历史"在2007年至2009年是试水和储备,真正开始在数量上"飞跃"起来,是从2010年下半年开始的。

这些年,方兴东博士一边"创业",一边默默采集、积累"互联网口述历史"的宏巨素材。一路走下来,前前后后的几个助理扛着摄像机、带着电脑跟着他。助理们有走有来,而他,一坚持就是十年。

2014年,我从《看历史》杂志离职,参与了"互联网实验室文库"的筹备,主持图书出版工作,致力于打造出"21世纪的走向未来丛书"。"互联网实验室文库"的出版工作包括四大方向:产业专著、商业巨头传记、"口述历史"项目、思想智库。

在之后的时间里,"互联网实验室文库"出版了产业专著、商业巨头传记、思想智库方向的十余本书,而"口述历史"却未见成果出品。当然,这是因为"口述历史"创造了六个"最"——所需的精力消耗最大，时间周期最长，整理打磨最精，查阅文献资料最繁，过程折磨最多，集成的自主性最少……

以往，一本书在作者完成并有了书稿后，进入编辑流程到最后出版，是一个从 0 到 1 的过程。而为了让别人明白做"口述历史"的精细和繁冗，我常说它是从 -10 到 1 的过程。因为"口述历史"是一个"掘地百尺"的工作，而作为成果能呈现出来的，只不过是冰山一角。在"口述历史"的整理之外，我们还积累形成了 10 余万字的互联网相关人物、事件、产品、名词的注释（词条解释），50 余万字的中国互联网简史（大事记资料），以及建立了我们的档案保存、保密机制等，这些都是不为人知的，且仅是我们工作的一小部分。

"过去"已经成为历史，是一个已经灰飞烟灭的存在，人们留下的只是记忆。"口述历史"就是要挖掘和记录下人们的记忆，因为有太多的因素影响着它、制约着它,所以,我们需要再经稽核整理。因此,"口述历史"中的"口述者"都是那些历史事件的亲历、亲见、亲闻者。

北京大学的温儒敏教授曾经这样评价"口述历史"这一形式:"这种史学撰写有着更为浓厚的原生态特色,摆脱了以往史学研究的呆板僵化,因而更加生动鲜活,同时更多的人开始认识到这种口述历史研究的学术价值,而不是仅仅被视为一种采访。相对于纯粹的回忆录和自传,这种口述历史多了一种真实到可以触摸的毛茸茸的感觉。"

"口述历史"让历史变得鲜活,充满质感,甚至更性感。

我在采访方兴东博士,要其做"访谈者评述"时,他曾在评述之前说了这么一段话:"互联网不仅仅是那些少数成功的企业家创造的,它实际上是社会各界共同创造的一个人类最大的奇迹——中国互联网能够有8

亿网民,这绝对是全球的一个奇迹。中国有一大批人,他们是互联网的无名英雄,基本上在现在的主流媒体上看不到他们。但我觉得这些人在互联网最初阶段,在中国制定轨道的过程中,铺了一条方向上正确的道路,而且很多东西当年可能是一件很小的事情,但实际上最终起了关键性的作用。我们试图在'互联网口述历史'里,把这个群体中的代表人物挖掘出来、呈现出来。"

我想,这是方兴东博士的初心,也是"互联网口述历史"项目产生的源头。

出版人和作家张立宪(自称老六,出版人、作家,《读库》主编——编者注)曾讲过一则与早期的郭德纲有关的故事:"那时候郭德纲还默默无闻,他在天桥剧场的演出只限于很小的一个圈子里的人知道……当时就和东东枪商量,我们要做郭德纲,这个默默无闻的郭德纲。但是世界的变化永远比我们想象中的快,从东东枪采访郭德纲，到最后图书出版大概是半年的时间，在这几个月的时间里，郭德纲老师已经谁都拦不住了。那时候就连一个宠物杂志都要让郭德纲抱条狗或者抱只猫上封面，真的是到那个程度。但是我们依然很庆幸，就是我们在郭德纲老师被媒体大量地消费、消解之前，我们采访了他，'保存'了他。一个纯天然绿色的郭德纲被我们保留下来了。其实这也是某种意义上的抢救，这种抢救不仅仅指我们把一个很了不起的人，在他消失之前、在他去世之前给他保存下来；也包括像郭德纲老师这样的人，他虽然现在依然健在，但是'绿色'郭德纲已经不见了，现在是一个'红色'的郭德纲。"

从某种程度上讲，"互联网口述历史"也是在尽可能抢救和保留"绿色"的互联网人。所不同的是，我们不是预测，而是寻找、挖掘、记录、还原、保存。因为我们是基于"历史"，是事发之后的、热后冷却的、不为人知的记载。至于"绿色"的意义，我想就像常规访谈与口述历史的差别,因为所用的方法、工艺、时间、重心完全不同,当然也就导致了目的与结果的不同。

"口述历史"是访谈者和口述者共同参与的互动过程,也是协同创造的过程。因此,"口述历史"作品蕴含着口述者和访谈者(整理者、研究者)共同的生命体验。

"口述历史"一般有专业史、社会史、心灵史几个维度。在"互联网口述历史"中,因选题缘故,我们还辐射了更多不同的维度与向度,如技术史(商业史)、制度史(管理史)、文化史(社会变革史)以及经济学家汪丁丁教授强调的思想史。

在"互联网口述历史"近十年的采集过程中,其技术设备一样经历了"技术史"的变迁。例如,在2007—2013年,用的还是录像带摄像机,而在2014—2016年,用的是存储卡摄像机。

"互联网口述历史"从采集到整理的过程中，我们始终秉承着这样几个标准：有灵魂、有逻辑、有层次、有侧重，注重史实与真相。

"互联网口述历史"的取舍与主张

在采集回的资料的使用上，我们采用了"提问+口述+注释"的整理方式，而非"撰文+口述"的编撰方式。这样的选择，就是为了能够不偏不倚、原汁原味地还原现场，并且不破坏其本身的脉络与构造，以及我们在其上的建构。我们希望做到，像拓片与石碑的关联。

在资料整理过程中，我们也是严格按照"口述历史"的方式整理、校对、核对、编辑、注释、授权、补充、确认、保存的（为什么授权顺序靠后，我在后面解释），但在图书出版的最后，也就是目前呈现在读者眼前的文本——严格意义上说已经不是特别纯的"口述历史"了。因为读者会看到,我们可能加入了5%左右别处的访谈内容。这么做有的是因为文本需要,有的是因为空缺而做的"补丁",有的是口述者提供希望我们有所用的。对这些内容的注入,我们做了原始出处的标注,并同样征得了"口述者"的确认。

在整理的过程中,应访谈者的要求,我们弱化了其角色特征,适当简化了访谈者在访谈中的追问、确认、区辨等"挖掘"过程,尽可能多地呈现口述者的口述内容,即直接挖出的"矿";也简化了部分现场访谈者对口述者的某些纠正。这样的纠正有时是一来二去,共同回想,提坐标、找参照,最终得以确定。这样的"简化"也是为了方便和照顾读者,我们尽量压缩了通往历史现场过程中的曲折与漫长。

在时间轴上,我们也尽量按照时间发展顺序做了调整,但因"记忆"有其特殊性,人的记忆有时是"打包"甚至"覆盖"的（只有遇到某些事件时，另一些事才能如化学效应般浮现出来，而如果遇不到这些事件，它可能就永远沉没下去了），因此，会有部分"口述者"的叙事在"时间点"上有连接和交叉，所以，显得稍有些跳跃或回溯。在这种情况下，我们没有为了梳理时间顺序而强行分拆、切割或拼搭。

在口语上，我们仍尽可能保留了各"口述者"的特色和语言风格，未做模式化的简洁处理。所以，即使经过了"深加工"的语言，也仍像是"原生态的口语"，只是变得更加清晰。

时常有人关心地问："你们的'互联网口述历史'怎么样了？怎么弄了这么久？"其实这是难以言表的事，我们很难让人了解其中的细节和背后的功夫。"口述历史"中的那些英文、方言、口音、人名、专业词汇，有时一个字词需要听十几遍才能"还原"；有时一个时间需要查大量资料才能确认；与"口述者"沟通，以及确认的时间，有时又以"年"为沟通的时间单位，需要不断询问与查证，因为这期间也许遇有口述者的犹豫或繁忙；为了找到一条"语录"，我们可能要看完"口述者"的所有文章、采访、演讲……就是这一点又一点的困难、艰辛、阻碍，造成了"口述历史"的整理及后续的工作时间是访谈时间的数十倍。

台湾地区的"中央研究院近代史研究所"前所长陈三井曾说："口述历史最麻烦的是事后整理访问稿的工作。这并不是受访人一边讲，访问人一边听写记录就行了。通常讲话是凌乱而没有系统性的，往往是前后不连贯，甚至互有出入的。访问人必须花费很大的力气加以重组、归纳和编排，以去芜存菁。遇有人名、地名、年代或事物方面的疑问，还必须翻阅各种工具书去查证补充。最后再做文字的整理和修饰工作，可见过程繁复，耗时费力，并不轻松。"

我曾和团队同事分享过这样一个比喻：整理口述

历史,就像"打扫"一个书柜,有的人觉得把木框擦干净就可以了;有的人会把每一本书都拿下来然后再擦一遍书架;还有的人在放进去之前会把每本书再轻拭一遍。而我们呢?除了以上动作,还需要再拿一根针把书架柜子木板间的缝隙再"刮"一遍,因为缝隙里会有抹布擦拭的碎纤维、积累的灰尘、纸屑,甚至可能有蛀木的虫卵……(我当时分享这个比喻的初衷,就是提示我的同事,我们要细致到什么程度。现在看来,这个比喻也同样表现了我们是怎么样做的。)

在"互联网口述历史"的出版形式上,我们也曾纠结于是多人一本,还是一人一本。在最早的出版计划中,我们是计划多人一本(按年份、按事件、按人物),专题式地出版一批有"体量"的书。当多人一本的多本"口述历史"摆在一起时,才能凸显"群雕"的伟岸,也因为多人一本的多文本原因,读者阅读起来会更具快感,对事件的理解视角也更宽广,相互映照补充起来的历史细节及故事也更加精彩(也就是佐证与互证的过程）。

然而实际情况是，我们没有办法按照这种"完美"的形式去出版。因为"口述历史"是一个逐渐累积的过程，无论是前期的访谈，中期的整理，还是后期的修订、确认，它们都在不同时间点有着不同程度上的难点，整个推进过程是有序不交叉且不可预知的。最早采访和整理的也许最后才被口述者确认；最应先采访的人也许最后才采访到；因为在不停地采访和整理，永远都可能发现下一个、新的相关人……这样疲于访谈，也疲于整理。囿于各种原因，我们没办法按照我们"梦想"的方式出版。因此，最终我们选择了呈现在读者眼前的"一人一本"的出版方式，出版顺序也几乎是按照"确认"时间先后而定的。我们同样放弃了优先出版大众名人、有市场号召力的人物、知名度高的口述者，以带动后面"口述历史"的想法。

尽管我们遗憾未能以一个更宏伟具象的"全景图"

的形式出版，但一本一本地出版，也有专注、轻松、脉络清晰、风格一致的美感，仍能在最后呈现出某种预期的效果。未来也仍能结集为各种专题式的、多人一本的出版物，将零散的历史碎片拼接成为宏大的历史画卷。因此，希望读者能理解，目前的选择是在各种原因、条件和实际困难"角力"后的结果，这其中有得有失，瑕瑜互见。为体恤读者，呈现群雕之张力，我在这里列举几位口述者的"口述历史"标题，先睹为快：《胡启恒：信息时代的人就该有信息时代的精神》《田溯宁：早期的互联网创业者都是理想主义》《张朝阳：现在的创业者一定要设身处地想想当时》《张树新：我本能地对下一代的新东西感兴趣》《吴伯凡：中国互联网历史，一定是综合的文化史》《陈年：以前互联网都很苦，大家集体骗自己》《刘九如：培训记者，我提醒他们要记住自己的权利》《胡泳：人们常常为了方便有趣而牺牲隐私》《段永朝：碎片化是构成人的多重生命的机缘》《陈彤：我做网络媒体之前也懵懂过》《王峻涛：创业时想想，要做的事是水还是空气》《陈一舟：苦闷是必需的，你不苦闷凭什么崛起》《黎和生：其实做媒体主要是做心灵产品》《冯珏：现在的互联网没当年的理想和热情了》《王维嘉：人类本性渴望的就是千里眼、顺风耳》《洪波：中国互联网产业能发展到今天得益于自由》《方兴东：互联网最有价值的东西，就是互联网精神》《陈宏：当时想做一个中国人的投行，帮助中国企业》《许榕生：我所做的其实只是把国外的技术带回中国》……举例还可以列很长很长，因为目前我们已整理完成了60余人的口述历史，以上举例的部分"口述历史"标题，有些可能稍有偏颇，甚至因为脱离了原有的语境而变成了另外的意思；有些可能会对"口述者"及业界稍有冒犯；有些可能会与实际出版所用标题有所出入。在此，希望得到读者的理解和谅解。

在事实与真相上，我们也希望读者明白：没有"绝对真相"和"绝对真实"。我们只是试图使读者接近真相，离历史更近一些。"口述历史"不能代替对历史的解释，它只是一项对历史的补充。同时希望读者能够继续关注和阅读，我们将继续出版更多的"互联网口述历史"，形成更广大的历史的学习和理解视角，以避免仅仅停留在对文字皮相的见解上。我们也要明白，还要有更多的阅读，才能还原群体之记忆。不同口述者在叙述相同事件时，一些细节会有不同的立场和不同的描述，甚至有不小的差别，这些还需要我们继续考证。

中国现代文学馆研究员傅光明曾说："历史是一个瓷瓶，在它发生的瞬间就已经被打碎了，碎片撒了一地。我们今天只是在捡拾过去遗留下来的一些碎片而已，并尽可能地将这些碎片还原拼接。但有可能再还原成那一个精致的瓷瓶吗？绝对不可能！我们所做的，就是努力把它拼接起来，尽可能地逼近那个历史真相，还原出它的历史意义和历史价值，这是历史所带给我们的应有的启迪或启发。"

编后记 2

尽管"互联网口述历史"项目目前是以书籍的形式出现的，展现的是文本，但我们希望在阅读体验上，能够呈现出舞台剧的效果，令读者始终有"在场感"。在一系列访谈者介绍、评述过后，可以直接看到"口述者"和"访谈者"坐在你面前对话；"编注"就是旁白；"语录"是花絮，方便你从思想的层面去触摸和感受"口述者"；"链接"是彩蛋，时有时无，它是"口述者"的一个侧面，或与其相关的一些细枝末节；"附录"是另一种讲述，它是一段历史的记录，来自另一个时空中。当"口述历史"本身完结后，"口述者"或说或写的会成为一段历史、一批珍贵的历史资料。你会发现，在历史深处的这些资料，也许曾是预言，也许在过去就非常具有前瞻性，也许它是一种知识的普及，也许它是对"口述历史"一些细节的另外的映照或补充，也许它曾是一个细分领域的入口或红利的机会……

有些口述者讲述了自己儿时或少年的故事，用方兴东博士的话说：那是他们的"源代码"。

美国口述历史学家迈克尔·弗里斯科（Michael Frisch）说："口述历史是发掘、探索和评价历史回忆过程性质的强有力工具——人们怎样理解过去，他们怎样将个人经历和社会背景相连，过去怎样成为现实的一部分，人们怎样用过去解释他们现在的生活和周围的世界。"

"互联网口述历史"的形式与意义

做"口述历史"时常有遗憾（它似乎是一门遗憾的学问和艺术）。遗憾有人拒绝了我们的访谈请求（有些是因为身份不便；有些是因为觉得自己平凡，所做过的事不值得书写）；遗憾有些贡献者已经离开了我们，无法访谈；遗憾一些我们整理完毕已发出却无法再得到确认的文本；遗憾一些确认的文本被删得太多；遗憾一些我们没问及的内容，再也补不回来；遗憾一些口述者避而不谈的内容；遗憾不能让历史更细致地呈现;遗憾一些详情不便透露;遗憾有些口述者已经不愿再面对自己曾经的口述,因而拒绝了确认和开放;遗憾我们曾通过各种资料、各种方法抵达口述者的内心,但能呈现给读者的仍不过是他们的一个侧面,他们爱的小动物、他们做的公益等,囿于原材料和呈现方式,这些都无法在一篇口述历史中体现;有些东西小而闪光,但我们没法补进来,遗憾有些补进来了又被删掉了;遗憾文本丢掉的"镜头语言",如"口述者"的表情、动作、笑容、叹息、沉默、感伤、痛苦……遗憾"文本"丢失了"口述者"声音的魅力;遗憾我们没有更先进的表达和呈现方式(我们拥有"互联网口述历史"的宝贵资料和"视听图影"资源,却不能为读者呈现近乎 4D、5D 的感官体验,也未能将文本做成"超文本");遗憾我们时间有限、人力有限、精力有限……无论如何,今天呈现在读者面前的并不是"最好的成果",它还有待您与我们共同继续考证、修正、挖掘和补充,它也可能只能存在于我们的梦想和希冀之中了。

尽管到目前为止我们已经做了许多工作，但也依然只是一小部分，我们仍处于采集、整理阶段，在运用、研究等方面，我们还少有涉及。未来，"互联网口述历史"会被运用到各类社会、行业研究和课题中，被引入种种类型、种种框架、种种定义、种种理论、种种现象、种种行为、种种心理结构、种种专业学科中，成为万象的研究结果，以及种种假设中的"现实"依据，解答人们不一的困境和需求。它还可以生成各类或有料、有趣、有深度、有沉积的数据图、信息图，实现信息可视化、数据可视化。

因为"互联网口述历史"还能抚育出无数的东西，所以，这又几乎是一项永远未竟的事业。

呈现在读者面前的"口述历史"，是有所删减的版本，为更适于出版。尽管"互联网口述历史"先以图书的形式呈现，但图书只是"互联网口述历史"的一种产品形式,而且只是一个转化的产品,它并非"互联网口述历史"的最终产品和唯一产品。自然地,由于图书本身的特性及文化传播价值,它也得到我们出版单位和社会各界的重视和支持。本套"互联网口述系列丛书",也获得了国家出版基金的支持。2017年年底,根据刘强东口述出版的作品《我的创业史》,获得了《作家文摘》评选的年度十佳非虚构图书。在一批中国"互联网口述历史"之后,我们将推出国外"互联网口述历史"。除图书外,未来我们也会开发和转化纪录片、视频等产品内容和成果,甚至成立博物馆及研究中心。总之,我们期待还能发展为更多有意义的形式和形态,也希望您能继续关注。

余世存老师在回忆整理和编写《非常道》的过程中,说自己当时"常常为一段故事激动地站起来在屋子里转圈,又或者为一句话停顿下来流眼泪"。

在整理"互联网口述历史"的过程中,我们同样深感如此。因为能触及种种场景、种种感受、种种人生，我们常常因"口述者"的激情、痛苦、人性光辉、思想闪光而震撼、紧张、欣慰，也曾被某一句话惊出冷汗；有些"口述者"的思想分享连续不断，让人应接不暇、让人亢奋激动、让人拍案叫绝、让人脑洞大开，甚至让人茅塞顿开；一些让我们心痛、落泪的故事，却在"口述者"的低声慢语间送达。同时，我们也"见证"了很多阻力与才智、生存与反抗、偶然与机遇、智虑与制度、弱德与英勇……每位口述者，都像一面镜子，映照出千千万万的创业者、创新者、先驱者、革命者、领跑者，还有隐秘的英雄、坚忍的失势者、挺过来的伤者、微笑转身者、孤独翻山者……

幸运地，我们能触碰这些"宝藏"。更加幸运地，今天的我们能把它们都保留下来、呈现出来，领受前辈们分享的无价礼物。

数字化大师、麻省理工学院教授尼葛洛庞帝

（Nicholas Negroponte）曾这样评价方兴东博士及"互联网口述历史"："你做的口述历史这项工作非常有意义。因为互联网历史的创造者，现在往往并不知道自己所做的事情有多么伟大，而我们的社会，现在也不知道这些人做的事情有多么伟大。"

也有非常多的人如此建议和评价方兴东博士的"互联网口述历史"："也别太用心费神，那种东西有价值、有意义，但是没人看……"

电子工业出版社的刘声峰曾说："这个工作，功德无量。"

在不同人的眼中，"互联网口述历史"有着不同的分量和意义。也许这项工程在别人眼中是"无底洞"，是"得不偿失"，是"用手走路"，是"费力不讨好"，是"杀鸡用牛刀"，但我们自有坚持下来的动力和源泉。

美国作家罗伯特·麦卡蒙（Robert R. McCammon）

在他的小说《奇风岁月》中有这样一段触动人心的文字:"我记得很久以前曾经听人说过一句话——如果有个老人过世了,那就好像一座图书馆被烧毁了。我忽然想到,那天在《亚当谷日报》上看到戴维·雷的讣告,上面写了很多他的资料,比如,他是打猎的时候意外丧生的,他的父母是谁,他有一个叫安迪的弟弟,他们全家都是长老教会的信徒。另外,讣告上还注明了葬礼的时间是早上 10 点 30 分。看到这样的讣告,我惊讶得说不出话来,因为他们竟然漏掉了那么多更重要的事。比如,每次戴维·雷一笑起来,眼角就会出现皱纹;每次他准备要跟本斗嘴的时候,嘴巴就会开始歪向一边;每当他发现一条从前没有勘探过的森林小径时,眼睛就会发亮;每当他准备要投快速球的时候,就会不自觉咬住下唇。这一切,讣告里只字未提。讣告里只写出戴维·雷的生平,可是却没有告诉我们他是个什么样的孩子。我在满园的墓碑中穿梭,脑海中思绪起伏。这个墓园里埋藏了多少被遗忘的故事，埋藏了多少被烧毁的老图书馆？还有，年复一年，究竟有多少年轻的灵魂在这里累积了越来越多的故事？这些故事被遗忘了，失落了。我好渴望能够有个像电影院的地方，里头有一本记录了无数名字的目录，我们可以在目录里找出某个人的名字，按下一个按钮，银幕上就会出现某个人的脸，然后他会告诉你他一生的故事。如果世上真有这样的地方，那会很像一座天底下最生动有趣的纪念馆，我们历代祖先的灵魂会永远活在那里，而我们可以听到他们沉寂了百年的声音。当我走在墓园里，聆听着那无数沉寂了百年、永远不会再出现的声音，我忽然觉得我们真是一群浪费宝贵资产的后代。我们抛弃了过去，而我们的未来也就因此消耗殆尽。"

我想，以上文字应该是所有"口述历史"工作者、研究者的共同愿望，同时它也回答了人们坚持下来的答案和意义。

尽管,我们做的是非常难的事。之前的一切访谈都是方兴东博士以个人的身份在做这件事,他自己或带着助理,联络、采访各口述者。2014年起,我们组建了团队,承担起了访谈之后的整理、保存、保密、转化、出版等工作,但却常常有逆水行舟之感。因为方兴东博士在当年访谈完毕后并没有与口述者签署授权,我们补要授权已经是在访谈多年之后了,这增加了我们工作推进的难度。对于口述者来说,因为时间久远,且当时访谈是一个人,事后联络、沟通、确认、跟进的是另一个人,这便有了种种不同的理解。我们要在其中极力解释和争取,一方面保护好口述者,另一方面保护好方兴东博士,甚至再细致地解释方兴东博士当年也许使对方知会过的"知情同意权"(我们要做什么,口述者有哪些权利,可能会被怎么研究,我们如何保密,有哪些使用限制,会转化哪些成果,等等),然后授权。然而,我们不得不面对的现实是:事隔多年,有的口述者已经不愿面对这一次的访谈了;

也有的是不愿面对口述历史这种文本/文体;甚至有的口述者不愿再面对曾经提到的这些记忆(因访谈之后间隔过长,他的理解、想法、心理、记忆清晰程度,都有了变化)。还有的,有些口述历史已经确认并准备出版,而方兴东博士又临时进行了再次的访谈,我们就要将新的访谈内容再补入之前的版本中,然后再让口述者确认。这几年间,方兴东博士作为发起人,他对"互联网口述历史"有感情、有想法、有感觉,因此,我们也陪同经历了多次大改动、大建议、大方向的调整(我们的"已完成",一次次被摊薄了)……这些加在一起,使我们都觉得是在做难上加难的事(因为我们没能按照惯常口述历史工作方法的顺序)。

回顾这几年,"互联网口述历史"对我们来说,也像是某种程度的创业,这期间遇到了多少干扰和阻力,咽下了多少苦闷和误解,吞下了多少不甘和负气,忍下了多少寂寞和煎熬,扛下了多少质疑和冷眼,这些只有我们自己清楚。对于我个人，还要面对团队成员不同原因的陆续离开……有时也会突然懂得和理解方兴东博士，无论是他经营公司，还是做"互联网口述历史"。对于其中的孤独、煎熬和坚守，相信他也一样理解我们。

以多年出版人的身份和角度讲，我同样替读者感到高兴，因为"互联网口述历史"实在有太多能量了，就像一个宝藏（当然，这也归功于"口述历史"这个特别形式的存在），这些能量有很大一部分可以转化成为"卖点"。在"互联网口述历史"里，读者可以看到过去与今天、政治与文化、他人与自己，也能看到趋势、机会、视野、因果、思维方式，还有管理、融资、创业、创新，还有励志、成功，以及辛酸挫折、泪水欺骗、潦倒狼狈、热爱、坚持；这里有故事，也有干货；有实用主义的，也有精神层面的；有历史的 A 面，同样有历史的 B 面；甚至其中有些行业问题、创业问题，依然能透过历史照入今天，解决此时此刻你的困惑与难题。所以，希望读者能够在我们不断出版的"互联网口述历史"中，各取所需，各得其所。希望在你困苦的时候，能有一双经验之手穿过历史帮助你、提醒你、抚慰你。也希望你在有收获之余，还能够有所反思，因为，"反思，是'口述历史'的核心"（汪丁丁语）。

最后想说的是，如果你有任何与"互联网历史"有关的线索、史料、独家珍藏的照片，或想向我们提供任何支持，我们表示感谢与欢迎。"互联网口述历史"始终在继续。

最后，感谢"互联网口述历史"项目执行团队！也感谢有你的支持！更多感激，我们将在"致谢"中表达！

2016 年 5 月 18 日初稿

2018 年 2 月 7 日复改

致 谢

在"互联网口述历史"项目推动前行的过程中,感激以下每位提到或未能提到,每个具名或匿名的朋友们的辛苦努力和关照!

感谢方兴东博士十年来对"互联网口述历史"的坚持和积累,因为你的坚韧,才为大家留下了不可估量的、可继续开发的"财富"。

感谢汪丁丁老师对"互联网口述历史"项目小组的特别关心,以及您给予我们的难得的叮嘱与珍

致 谢

贵的分享。

感谢赵婕女士,感谢你对我们工作所有有形、无形的支援,让我们在"绝望"的时候坚持下来,感谢你懂我们工作当中的"苦"。感谢你给我们的醍醐灌顶般的工作方式的建议,以及对我们工作的优化和调整。

感谢杜运洪、孙雪、李宁、杜康乐、张爱芹等人无论风雨,跟随方兴东博士摄制"互联网口述历史",是你们的拍摄、录制工作,为我们及时留下了斑斓的互联网精彩。同样感谢你们的身兼数职、分身有术,牺牲了那么多的假日。

感谢钟布、李颖,为"互联网口述历史"的国际访谈做了重要补充。

感谢范媛媛,在"互联网口述历史"国际访谈方面,起到特殊的、重要的联络与对接作用。

感谢"互联网实验室文库"图书编辑部的刘伟、

杜康乐、李宇泽、袁欢、魏晨等人，感谢你们耐住枯燥乏味，一次次的认真和任劳任怨，较真死磕和无比耐心细致的工作精神，并且始终默默无怨言。

在"互联网口述历史"的整理过程中，同样要感谢编辑部之外的一些力量，他们是何远琼、香玉、刘乃清、赵毅、冉孟灵、王帆、雷宁、郭丹曦、顾宇辰、王天阳等人，感谢你们的认真、负责，为"互联网实验室文库"添砖加瓦。

感谢互联网实验室、博客中国的高忆宁、徐玉蓉、张静等人，感谢你们给予编辑部门的绝对支持和无限理解。

感谢许剑秋，感谢你对"互联网口述历史"项目贡献的智慧与热情，以及独到、细致的统筹与策划。

感谢田涛、叶爱民、熊澄宇等几位老师，感谢你们对我们的指导和建议，感谢你们在"互联网口述历史"项目上所使的种种的力。

致 谢

感谢中国互联网协会前副秘书长孙永革老师帮助我们所做的部分史实的修正及建议。

感谢薛芳,感谢你以记者一贯的敏锐和独到,为"互联网口述历史"提供了难得的补充。

感谢汕头大学的梁超、原明明、达马(Dharma Adhikari)几位老师,以及张裕、应悦、罗焕林、刘梦婕、程子姣同学为"互联网口述历史"国际访谈的转录和翻译做了大量的辛苦工作;感谢范东升院长、毛良斌院长、钟宇欢的协调与帮助。

感谢李萍、华芳、杨晓晶、马兰芳、严峰、李国盛、马杰、田峰律师、杨霞、红梅、中岛、李树波、陈帅、唐旭行、冉启升、李江、孙海鲤、韩捷(小巴)等对我们所做工作的鼎力支持与支援。

感谢电子工业出版社的刘九如总编辑、刘声峰编辑、黄菲编辑、高莹莹老师,感谢你们为丛书贡献了绝对的激情、关注、真诚,以及在出版过程中那些细枝末节的温情的相助。

感谢博客中国市场部的任喜霞、于金琳、吴雪琴、崔时雨、索新怡等人对"互联网实验室文库"的支持，以及有效的推广工作。

在项目不同程度的推进过程中，同时感谢出版界的其他同仁，他们是东方出版社的龚雪，中信国学的马浩楠，中华书局的胡香玉，凤凰联动的一航，长江时代的刘浩冰，中信出版社的潘岳、蒋永军、曹萌瑶，生活·读书·新知三联书店的朱利国，商务印书馆的周洪波、范海燕，机械工业出版社的周中华、李华君，图灵公司的武卫东、傅志红，石油工业出版社的王昕，人民邮电出版社的杨帆，电子工业出版社的吴源，北京交通大学出版社的孙秀翠，中国发展出版社的马英华等人，感谢你们给予"互联网口述历史"的支持、关心、惦记和建议。

感谢腾讯文化频道的王姝蕲、张宁，感谢你们对

致谢

"互联网实验室文库"的支持。

感谢中央网信办、中国互联网协会、首都互联网协会、汕头大学新闻与传播学院、汕头大学国际互联网研究院、浙江传媒学院互联网与社会研究中心等机构的大力支持。

在编辑整理"互联网口述历史"的过程中,我们同时参考了大量的文献资料,在此向各文献作者表示衷心的感谢。你们每次扎实、客观的记录,都有意义。

感谢众多在"口述历史""记忆研究"领域有所建树和继续摸索的前辈老师,感谢与"口述历史""记忆",以及历史学、社会学、档案学、心理学等领域相关的论文、图书的众多作者、译者、出版方,是你们让我们有了更便利的学习、补习方式,有了更扎实的理论基础,让我们能够站在巨人的肩膀上看得更远,走得更远。感谢你们对我们不同程度的启发和帮助。

感谢崔永元口述历史研究中心的同仁,感谢温州大学口述历史研究所的公众号及杨祥银博士，感谢你们对"互联网口述历史"的关注和关心。

感谢陈定炜（TAN Tin Wee）,全吉男（Kilnam Chon）,中欧数字协会的鲁乙己（Luigi Gambardella）与焦钰，Diplo 基金会的 Jovan Kurbalija 与 Dragana Markovski,计算机历史博物馆的戈登·贝尔（Gordon Bell）与马克·韦伯（Marc Weber）,以及世界经济论坛的鲁子龙（Danil Kerimi）, IT for Change 的安妮塔（Anita Gurumurthy）等人为"互联网口述历史"项目推荐和联络口述者，为我们提供了更多采访海外互联网先锋的机会。

感谢田溯宁、毛伟、刘东、李晓东、张亚勤、杨致远等人，深深感谢"互联网口述历史"已访谈和将访谈的，曾为中国互联网做出贡献和继续做贡献的精英与豪杰们，是你们让互联网的"故事"和发展更加精彩，也让我们的"互联网口述历史"能有机会记录

致 谢

这份精彩。

"互联网口述历史"的感谢名单是列不完的,因为它的背后有庞大的人群为我们做支持,提供帮助,给建议。

感谢你们!

互联网口述历史：人类新文明缔造者群像

"互联网口述历史"工程选取对中国与全球信息领域全程发展有特殊贡献的人物，通过深度访谈，多层次、全景式反映中国信息化发生、发展和全球崛起的真实全貌。该工程由方兴东博士自 2007 年开始启动耕作，经过十年断断续续的摸索和收集，目前已初现雏形。

"口述历史"是一种搜集历史的途径，该类历史资料源自人的记忆。搜集方式是通过传统的笔录、录音和录影等技术手段，记录历史事件当事人或目击者的回忆而保存的口述凭证。收集所得的口头资料，后与文字档案、文献史料等核实，整理成文字稿。我们将对互联网这段刚刚发生的历史的人与事、真实与细节，进行勤勤恳恳、扎扎实实的记录和挖掘。

"互联网口述历史"既是已经发生的历史,也是正在进行的当代史,更是引领人类的未来史;既是生动鲜活的个人史,也是开拓创新的企业史,更是波澜壮阔的时代史。他们是一群将人类从工业文明带入信息文明的时代英雄!这些关键人物,他们以个人独特的能动性和创造性,在人类发展关键历程的重大关键时刻,曾经发挥了不可替代的关键作用,真正改变了人类文明的进程。他们身上所呈现的价值观和独特气质,正是引领人类走向更加开阔的未来的最宝贵财富。

尼葛洛庞帝曾这样对方兴东说:"你做的口述历史这项工作非常有意义。因为互联网历史的创造者,现在往往并不知道自己所做的事情有多么伟大,而我们的社会,现在也不知道这些人做的事情有多么伟大。"

我们希望将各层面核心亲历者的口述做成中国和

全球互联网浪潮最全面、最丰富、最鲜活的第一手材料，作为互联网历史的原始素材，全方位展示互联网的发展历程和未来走向。

我们的定位：展现人类新文明缔造者群像，启迪世界互联新未来。

我们的理念：历史都是由人民群众创造的，但是往往是由少数人开始的。由互联网驱动的这场人类新文明浪潮就是如此，我们通过挖掘在历史关键时刻起到关键作用的关键人物，展现时代的精神和气质，呈现新时代的价值观和使命感，引领人类每一个人更好地进入网络时代。

我们的使命：发现历史进程背后的伟大，发掘伟大背后的历史真相！

"互联网口述历史"现场,李开复与方兴东。

(摄于 2015 年 10 月 17 日)

"互联网口述历史"现场,杨宁与方兴东。

(摄于 2015 年 11 月 30 日)

"互联网口述历史"现场,刘强东与方兴东、赵婕。

(摄于 2015 年 12 月 13 日)

"互联网口述历史"现场,倪光南与方兴东。

(摄于 2015 年 6 月 28 日)

"互联网口述历史"现场,张朝阳与方兴东。

(摄于 2014 年 1 月 12 日)

"互联网口述历史"现场,周鸿祎与方兴东。

(摄于 2013 年 10 月 1 日)

"互联网口述历史"现场,吴伯凡与方兴东。

(摄于 2010 年 9 月 16 日)

"互联网口述历史"现场,田溯宁与方兴东。

(摄于 2014 年 1 月 28 日)

"互联网口述历史"现场,陈彤与方兴东。

(摄于 2010 年 8 月 21 日)

"互联网口述历史"现场,钱华林与方兴东。

(摄于 2014 年 1 月 27 日)

"互联网口述历史"现场,刘九如与方兴东。

(摄于 2014 年 3 月 13 日)

"互联网口述历史"现场,张树新与方兴东。

(摄于 2014 年 2 月 17 日)

"互联网口述历史"访谈后合影,拉里·罗伯茨(Larry Roberts)与方兴东。

(摄于 2017 年 8 月 3 日)

致互联网实验室:

很棒的采访,精心设计的问题。

与你们见面很开心。

——拉里·罗伯茨

"互联网口述历史"访谈后合影,伦纳德·罗兰罗克(Leonard Kleinrock)与方兴东。

(摄于 2017 年 8 月 5 日)

"互联网口述历史"是一个很棒的项目,很开心能参与其中。将历史与技术专业融合探索是了解互联网历史的最好方法。你们的采访轻松但深刻,很棒。

祝顺!

——伦纳德·罗兰罗克

"互联网口述历史"访谈后合影,温顿·瑟夫(Vint Cerf)与方兴东。

(摄于2017年8月7日)

I enjoyed reliving the story of the Internet. There is much more to tell!

Vint Cerf
8/7/2017

十分享受重温互联网故事的过程。意犹未尽!

——温顿·瑟夫

"互联网口述历史"访谈后鲍勃·卡恩(Bob Kahn)签名。

(摄于 2017 年 8 月 28 日)

希望你们的口述历史项目一切顺利。十分开心可以参与其中。

——鲍勃·卡恩

"互联网口述历史"访谈后合影,斯蒂芬·克罗克(Stephen Croker)与方兴东。

(摄于 2017 年 8 月 8 日)

What an impressive and expensive project! I applaud the magnitude and thoroughness of your preparation and effort. I look forward to seeing the results.
Steve Crocker
August 8, 2017

一个令人印象深刻的项目。你们严谨而深入的前期准备和努力,值得赞许。期待看到你们的项目成果。

——斯蒂芬·克罗克

"互联网口述历史"访谈后合影,斯蒂芬·沃夫(Stephen Wolff)与方兴东。

(摄于 2017 年 8 月 10 日)

> You have embarked on an extraordinary voyage of learning and understanding of the Internet, its origins, and its future(s). I am grateful for the opportunity to contribute, wish you well in your endeavor, and hope to see the outcome of your diligence.
>
> —Stephen Wolff
> 2017-08-10

你们已经踏上了一条学习和了解互联网,探索其起源和未来发展的非同寻常之旅。十分感谢有机会能够贡献自己的一份力量。祝愿你们的项目进展顺利,期待早日看到你们的工作成果。

——斯蒂芬·沃夫

"互联网口述历史"访谈现场,维纳·措恩(Werner Zorn)接受提问。

(摄于 2017 年 12 月 5 日)

> I strongly believe in
> a good and prosperous
> cooperation between
> the Chinese Internauts
> and the western collegues
> friends and competitors towards
> an open and florishing
> Internet
> Wuzhen, Dec 5, 2017
> Werner Zorn

我坚信中国互联网参与者与西方同仁、伙伴和竞争者之间友好繁荣的合作会带来一个开放和蓬勃发展的互联网。

——维纳·措恩

"互联网口述历史"访谈现场,路易斯·普赞(Louis Pouzin)接受提问。

(摄于2017年12月19日)

> Internet and all its successors (new internet) are a nervous system providing control and communications between live and mechanical systems of the world. As any complex systems they must be designed of by experts, and repaired when they do not work to satisfaction. They are part of our life, and we should endeavour to put our expertise to make them safe at efficient.
>
> Louis Pouzin
> 19-12-2017

互联网及其所有继任者(新互联网)是一个神经系统,为世界的生命系统和机械系统提供控制和交流的平台。与任何复杂的系统一样,它们须由专家设计,并在其工作不畅时及时进行修复。它们是我们生活的一部分,我们理应倾注我们的力量使其更加安全和高效。

——路易斯·普赞

"互联网口述历史"访谈现场,全吉男(Chon Kilnam)接受提问。

(摄于 2017 年 12 月 5 日)

> Hope you can come up with good interviews with collaboration of others in Asia, North America, Europe and others. Let me know if you need any support on this matter. Good luck on the important topics.
>
> 2017.12.5
> Chon Kilnam
> 全吉男

希望你们与亚洲、北美洲、欧洲及其他地区的人能够合作进行更多优秀的采访。如果需要我的支持,请与我联系。预祝项目进展顺利。

——全吉男

(因版面有限,仅做部分照片展示。感谢您的关注!所有照片及资料受版权保护,未经授权不得转载、翻拍或用于其他用途。)

互联网实验室文库
21 世纪的走向未来丛书

我们正处于互联网革命爆发期的震中,正处于人类网络文明新浪潮最湍急的中央。人类全新的网络时代正因为互联网的全球普及而迅速成为现实。网络时代不再仅是体现在概念、理论或者少数群体中,而是体现在每个普通人生活方式的急剧改变之中。互联网超越了技术、产业和商业,极大拓展和推动了人类在自由、平等、开放、共享、创新等人类自我追求与解放方面的新高度,构成了一部波澜壮阔的人类社会创新史和新文明革命史!

过去 20 年，互联网是中国崛起的催化剂；未来 20 年，互联网更将成为中国崛起的主战场。互联网催化之下全民爆发的互联网精神和全民爆发的创业精神，两股力量相辅相成，相互促进，自下而上呼应了改革开放的大潮，助力并成就了中国崛起。互联网成为中国社会与民众最大的赋能者！可以说，互联网是为中国准备的，因为有了互联网，21 世纪才属于中国。

互联网给中国最大的价值与意义在于内在价值观和文明观，就是崇尚自由、平等、开放、创新、共享等内核的互联网精神，也就是自下而上赋予每个普通人以更多的力量：获取信息的力量，参政议政的力量，发表和传播的力量，交流和沟通的力量，社会交往的力量，商业机会的力量，创造与创业的力量，爱好与兴趣的力量，甚至是娱乐的力量。通过互联网，每个人，尤其是弱势群体，以最低成本、最大效果地拥有了更强大的力量。这就是互联网精神的革命性所在。互联网精神通过博客、微博和微信等的普及，得以在中国全面引爆开来!

如今,中国已经成为互联网大国,也即将成为世界的互联网创新中心。从应用和产业层面,互联网已经步入"后美国时代"。但是目前互联网新思想依然是以美国为中心。美国是互联网的发源地,是互联网创新的全球中心,美国互联网"思想市场"的活跃程度迄今依然令人叹服。各种最新著作的引进使我们与世界越来越同步,成为助力中国互联网和社会发展的重要养料。而今天中国对于网络文明灵魂——互联网精神的贡献依然微不足道!文化的创新和变革已经成为中国互联网革命非常大的障碍和敌人,一场中国网络时代的新启蒙运动已经迫在眉睫。"互联网实验室文库"的应运而生,目标就是打造"21世纪的走向未来丛书",打造中国互联网领域文化创新和原创性思想的第一品牌。

互联网对于美国的价值与互联网对于中国的价

值，有共同之处，更有不同。互联网对于美国，更多是技术创新的突破和社会进步的催化；而在中国，互联网对于整个中国社会的平等化进程的推动和特权力量的消解，是前所未有的，社会变革意义空前！所以，研究互联网如何推动中国社会发展，成为"互联网实验室文库"的出发点。文库坚持"以互联网精神为本"和"全球互联，中国思想"为宗旨，以全球视野，着眼下一个十年中国互联网发展，期望为中国网络强国时代的到来谏言、预言和代言！互联网作为一种新的文明、新的文化、新的价值观，为中国崛起提供了无与伦比的动力。未来，中国也必将为全球的互联网文化贡献自己的一份力量！

"互联网实验室文库"得到了中国互联网协会、首都互联网协会、汕头大学国际互联网研究院、数字论坛和浙江传媒学院互联网与社会研究中心等机构的鼎力支持。因为我们共同相信，打造"21世纪的走向未来丛书"是一项长期的事业。我们相信，中国互联网思想在全球崛起也不是遥不可及，经过大家的努力，中国为全球互联网创新做出贡献的时刻已经到来，中国为全球互联网精神和互联网文化做出贡献的时刻也即将开始。我们相信，随着互联网精神大众化浪潮在中国的不断深入，让13亿人通过互联网实现中华民族的伟大复兴不再是梦想！让全世界75亿人全部上网，进入网络时代，也一定能够实现。而在这一伟大的历程中，中国必将扮演主要角色。

互联网实验室创始人、丛书主编　方兴东

注 释

1 编注：1996 年 10 月，张朝阳创办爱特信（ITC）公司，1997 年 2 月，爱特信公司正式推出 ITC 中国工商网络，半年后接着推出大型栏目"ITC 指南针"，即搜狐网站的前身。1998 年，爱特信公司正式推出"搜狐"产品，并更名为搜狐公司。2000 年 7 月 12 日，搜狐公司在美国纳斯达克成功挂牌上市。

2 编注：美国 ISI 公司（Internet Securities, Inc.）。

3 编注：熊晓鸽，湖南大学外语系学士、中国社科院研究生院新闻系研究生、波士顿大学新闻传播学硕士，IDG 全球常务副总裁兼亚洲区总裁，IDG 资本创始合伙人，"赢在中国"栏目策划人并连续三年担任评委。

4 编注：尼古拉斯·尼葛洛庞帝（Nicholas Negroponte），出生于 1943 年，美国计算机专家，麻省理工学院教授，麻省理工学院媒体实验室的创办人，"每个孩子一部笔记本（OLPC）"项目主席。其著作《数字化生存》描绘了数字科技对人们的工作、生活、教育和娱乐带来的各种冲击。对于对网络还懵懵懂懂的人来说，这本书是跨入数字化新世界的最佳指南。

5 编注：黄飞燕，女，毕业于上海交通大学，曾就读于美国曼荷莲女子学院及波士顿大学工商管理学院。曾在 e 龙公司、美国强生公司、IBM 公司、美国 IDG 公司工作,任爱康网健康科技有限公司首席营销官(CMO)。

[6] 编注:曼荷莲女子学院。

[7] 编注:田溯宁,中科院研究生院硕士、美国得克萨斯科技大学博士,中国宽带资本基金董事长,曾兼任联想集团独立非执行董事、美国哈佛商学院顾问委员会委员等职。

[8] 编注:美国 Sprint 公司成立于 1938 年,前身是 1899 年创办的 Brown 电话公司,当时是堪萨斯州的一家小型地方电话公司。目前,Sprint 公司已成为全球性的通信公司,并且在美国诸多运营商中名列三甲,主要提供长途通信、本地业务和移动通信业务。

[9] 编注:亚信科技公司是中国领先的通信软件和服务提供商,为中国电信运营商提供 IT 解决方案和服务,以使电信运营商迅速响应市场变化,降低运营成本,提升赢利能力。自 1995 年承建中国第一个商业化互联网骨干网 ChinaNet 起,亚信先后承建了中国六大全国性互联网骨干网工程、全球最大的 VoIP 网、全球最大的宽带视频会议网及中国第一个 3G 业务支撑系统等上千项大型网络工程和软件系统。亚信不仅享有"中国互联网建筑师"的美誉,同时也被国家信息产业部认定为"中国重点软件企业"。

[10] 编注:Linux 是一套免费使用和自由传播的类 UNIX 操作系统,是一个基于 POSIX 和 UNIX 的多用户、多任务、支持多线程和多 CPU 的操作系统。它能运行主要的 UNIX 工具软件、应用程序和网络协议。它支持 32 位和 64 位硬件。Linux 继承了 UNIX 以网络为核心的设计思想,是一个性能稳定的多用户网络操作系统。该操作系统诞生于 1991 年 10 月 5 日(第一次正式向外公布的时间)。

[11] 编注：163 网即中国公用计算机互联网（ChinaNet），该网络由邮电部建设经营，是我国四大计算机互联网之一，是互联网在中国的接入部分。其用户特服接入号为 163，故称 163 网。

[12] 编注：何劲梅，女，毕业于西南交通大学土木工程系，搜狐公司副总裁，是搜狐公司的首位员工。

[13] 编注：.cn 是互联网国家和地区顶级域中代表中国的域名，中国互联网络信息中心（CNNIC）是.cn 域名注册管理机构，负责运行和管理相应的.cn 域名系统，维护中央数据库。

[14] 编注：.com 域名是国际最广泛流行的通用域名格式。

[15] 编注：据了解，.co 和前期开放的.cm 一样，是一个非常特别的域名，是哥伦比亚国家代码顶级域名，所有人申请注册该域名的时候都不需要提交资料、不需要审核、不会被拍卖，实时开通，立即生效。

[16] 编注：爱德华·罗伯特（Edward B. Roberts），美国知名风险投资专家、麻省理工学院斯隆管理学院资深教授，被称为"投资搜狐第一人"。

[17] 编注：风投，风险投资。

[18] 编注：麻省理工学院（MIT）。

[19] 编注：张树新，女，出生于 1963 年 7 月，辽宁抚顺人。于 1995 年 5 月创建了瀛海威信息通信有限责任公司的前身北京科技有限责任公司，并担任总裁。被称为"中国信息行业的开拓者"。

[20] 编注：瀛海威信息通信有限责任公司，前身为北京科技有限责任公司，成立于 1995 年 5 月，公司总裁为张树新，出资人为张树新和她的丈夫姜作贤。公司最初的业务是代销美国 PC，张树新到美国考察时接触到互联网，回国后即着手从事互联网业务，瀛海威由此诞生。它曾

经是中国互联网行业的领跑者,后因企业经营策略等问题而逐渐衰落。

[21] 编注:高红冰,1965 年 7 月生于云南省弥勒县,阿里巴巴副总裁,曾在国务院信息办政策法规组、信息产业部信息化推进司任职,还曾担任北京互联通网络科技有限公司总裁等职。

[22] 编注:苏维洲,美国凯洛格商学院及中国香港科技大学的工商管理硕士,美国马萨诸塞大学国际政治经济学硕士。曾任恒通公司董事总经理、行健资本合伙人。

[23] 编注:Charles,张朝阳英文名。

[24] 编注:赛博空间,后来叫指南针,再后来演变成了搜狐。

[25] 编注:杨致远(英文名:Jerry Yang),1968 年生于中国台湾,全球知名互联网公司雅虎(Yahoo!)的创始人,原首席执行官。

[26] 编注:ISP 是 Internet Serves Provider 的简称,即互联网服务提供商,就是为用户提供互联网接入或互联网信息服务的公司和机构。

[27] 编注:Directory 类,IT 名词,用于典型操作,如复制、移动、重命名、创建和删除目录,也可将 Directory 类用于获取和设置与目录的创建、访问及写入操作相关的 DateTime 信息。

[28] 编注:信息高速公路就是把信息的快速传输比喻为"高速公路"。所谓"信息高速公路",就是一个高速度、大容量、多媒体的信息传输网络。

[29] 编注:苏米扬,1964 年生于上海,毕业于南京气象学院气象系,是搜狐的第一批员工,曾创建过最早的女性网站,还曾任 3721 公司副总裁、XCITY 总裁。

[30] 编注:陈剑峰,中国互联网资深人士,毕业于厦门大学经济学院,曾任

千龙网、网易163、搜狐网络高管。

[31] 编注：比特网（Chinabyte），是中国首家IT新闻网站，成立于1997年1月。

[32] 编注：英特尔投资（Intel Capital）是英特尔公司旗下的风险资本投资公司，主要对全球创新技术公司进行股权投资。

[33] 编注：美国世纪投资公司（American Century Investments）。

[34] 编注：软件银行集团于1981年在日本创立，并于1994年在日本上市，是一家综合性的风险投资公司，主要致力于IT产业的投资，包括网络和电信。

[35] 编注：美洲银行，即美国银行（Bank of America）。

[36] 编注：华渊资讯公司，新浪网前身（新浪由四通利方和华渊资讯网合并而成），诞生于世界顶尖科技之城硅谷，因中文图形化SinaXpress技术成为北美最大的华文网站：华渊生活资讯网。

[37] 编注：冯波，1969年出生于上海，曾就读于美国旧金山州立大学电影导演专业。曾任罗伯森·斯帝文思公司中国部主任、中国创业投资有限公司首席代表、联创策源创始合伙人。曾帮助四通利方公司及亚信公司成功融资。

[38] 编注：王志东，广东东莞人。北京点击科技有限公司董事长兼总裁。BDWin、中文之星、RichWin等著名中文平台的一手缔造者；先后创办了新天地信息技术研究所、四通利方信息技术有限公司，曾领导新浪成为全球最大中文门户之一并在NASDAQ成功上市。

[39] 编注：此处指中文之星产品。北京中文之星数码科技有限公司是一家专门从事中文信息处理的高科技企业。2000年6月，中文之星公司正

式从原新天地电子信息技术研究所及方正新天地软件公司脱离，经过一系列改组，组建成立北京中文之星数码科技有限公司，全面继承中文之星品牌和技术，将中文之星智能处理研究和应用作为未来长期的发展战略。

[40] 编注：孙正义，日本人，毕业于美国伯克利大学分校，软件银行集团董事长兼总裁。

[41] 编注：UT 斯达康（UTStarcom）是专门从事现代通信领域前沿技术和产品的研究、开发、生产、销售的国际化高科技通信公司。

[42] 编注：简睿杰（Jim Jarrett），生于 1945 年，原英特尔公司副总裁，英特尔中国第一任总裁，为推动英特尔融入中国和促进中美贸易发展贡献很大，逝于 2012 年 2 月。

[43] 编注：李亦非，女，生于 1964 年，毕业于外交学院国际法专业，后获美国得克萨斯州贝勒大学（Baylor University）国际关系硕士学位。曾任美国博雅公关公司中国区董事总经理、高雷 GLG 全球领先资产管理公司中国区董事总经理、阳狮集团大中华区主席等。

[44] 编注：汪潮涌，生于 1965 年，湖北蕲春人。曾任摩根士丹利亚洲公司副总裁兼北京代表处首席代表、信中利国际控股公司（ChinaEquity International Holding Co. Ltd.）创始人及总裁。北京信中达创投公司、美帆中国之队、李时珍健康产业开发股份公司、粉丝网董事长及投资人。

[45] 编注：IDG（International Data Group，美国国际数据集团）是全世界知名的信息技术出版、研究、会展与风险投资公司。

[46] 编注：道琼斯公司创立于 1882 年。道琼斯公司是世界一流的商业财经信息提供商，同时也是重要的新闻媒体出版集团，总部在美国纽约，

旗下拥有报纸、杂志、通讯社、电台、电视台并提供互联网服务。道琼斯编发的股票价格指数更是家喻户晓。

47 编注：鲁伯特·默多克（Keith Rupert Murdoch），新闻集团总裁。其创建的新闻集团是当今世界上规模最大、国际化程度最高的综合性传媒公司之一。

48 编注：宫玉国，1966年出生于山东曲阜。曾任北京笔电新人信息技术有限公司（Chinabyte）总经理、《东方企业家》杂志执行总编辑、IT168公司CEO、人民搜索执行副总经理。

49 编注：1998年10月5日的《时代周刊》数字化时代年度专刊评出"全球50位数字英雄"，共有5位华人上榜——Yahoo创始人杨致远（第6位），前邮电部数据局局长刘韵洁（第28位），亚洲首家卫星有线电视服务商 StarTV 的创始人李泽楷（第30位），UTStarcom 公司总裁兼首席执行官鲁洪亮（第42位），爱特信搜狐公司总裁张朝阳（第45位）。

50 编注：高盛集团（Goldman Sachs）成立于1869年，是一家国际领先的投资银行和证券公司，向全球提供广泛的投资、咨询和金融服务，拥有大量的多行业客户，包括私营公司、金融企业、政府机构及个人，是全世界历史最悠久、规模最大的投资银行之一。

51 编注：马雪征，女，生于天津，毕业于首都师范大学，获文学学士学位。美国德太投资有限公司合伙人，曾任联想集团执行董事，搜狐公司董事等。

52 编注：姜丰年，1957年生于中国台湾，1990年创立趋势科技（Trend Micro Inc.），任该公司总裁。曾任华渊网的首席执行官、新浪网副董事长等职。

53 编注：叶克勇（Peter Yip），生于中国香港，毕业于美国宾夕法尼亚大学，取得美国沃顿学院工商管理硕士学位。中华网创办人。

54 编注：首席财务官。

55 编注：ChinaRen 是 1999 年由周云帆、杨宁、陈一舟创立的中国大型互联网门户网站。2000 年 9 月 14 日，搜狐收购 ChinaRen。

56 来源：《张朝阳：不断地自我删除》，《中国企业家》，2008 年第 15 期。

57 来源：《张朝阳访谈：面对媒体压力，我在解释》，《中国经营报》，2001 年 4 月 3 日。

58 编注：赵志国，教授级高级工程师，获长春邮电学院无线通信专业学士学位和北京大学工商管理硕士学位，曾任信息产业部电信管理局副局长、工业和信息化部通信保障局副局长。

59 编注：汪延，1996 年毕业于法国巴黎大学，获法学学士学位。曾任新浪网中国区总经理、新浪首席执行官、新浪总裁。从 2006 年 5 月起退出公司管理层，担任新浪董事长职位。

60 编注：VIE，这个词在国内使用时，通常是指境外特殊目的公司通过其在中国的全资子公司（外商独资企业、WFOE）以协议控制的方式控制一家内资公司，从而实现境外特殊公司与内资公司合并报表，进而境外特殊公司得以在境外融资或上市。

61 编注：王庆存，曾任国务院新闻办公室网络新闻管理局负责人、中国互联网管理局局长等。

62 来源：《寄语 2000 年——跨越三百年自卑》，中国青年报，2000 年 1 月 10 日。

63 来源：C114 中国通信网，《搜狐公司董事局主席兼首席执行官张朝阳》，2008 年 3 月 11 日。http://www.c114.net/ persona/390/a265539.html.

64 来源：《张朝阳：一个成功者的告白》，《杨澜访谈录》，2013年3月3日。

65 来源：《寄语2000年——跨越三百年自卑》，《中国青年报》，2000年1月10日。

66 来源：《张朝阳：不断地自我删除》，《中国企业家》，2008年第15期。

67 来源：搜狐IT，《尼葛洛庞帝访华媒体见面会实录》，2004年4月12日。http://it.sohu.com/2004/04/12/19/article219811934.shtml.

68 来源：搜狐IT，《张朝阳演讲实录：中国互联网公元第8年》，2004年4月13日。http://it.sohu.com/2004/04/13/12/article219821293.shtml.

69 编注：王建军，浙江金华人，曾任搜狐分类搜索业务经理、搜狐高级副总裁、我乐网（56网）CEO等。

项目资助名单

"互联网口述历史"(OHI)得到以下项目资助和支持:

国家社科基金一般项目

批准号:18BXW010

项目名称:全球史视野中的互联网史论研究

国家社科基金重大项目

批准号:17ZDA107

项目名称:总体国家安全观视野下的网络治理体系研究

教育部哲学社会科学研究重大课题攻关项目

批准号:17JZD032

项目名称:构建全球化互联网治理体系研究

国家自然科学基金重点项目

批准号：71232012

项目名称：基于并行分布策略的中国企业组织变革与文化融合机制研究

浙江省重点科技创新团队项目

计划编号：2011R50019

项目名称：网络媒体技术科技创新团队

未经许可，不得以任何方式复制或抄袭本书之部分或全部内容。版权所有，侵权必究。

图书在版编目（CIP）数据

光荣与梦想：互联网口述系列丛书. 张朝阳篇 / 方兴东主编. —北京：电子工业出版社，2018.12
ISBN 978-7-121-33161-9

Ⅰ. ①光… Ⅱ. ①方… Ⅲ. ①互联网络—历史—世界
Ⅳ. ①TP393.4-091

中国版本图书馆 CIP 数据核字（2017）第 295701 号

出版统筹：刘九如
策划编辑：刘声峰（itsbest@phei.com.cn）
　　　　　黄　菲（fay3@phei.com.cn）
责任编辑：黄　菲　　特约编辑：徐学锋　刘广钦
印　　刷：涿州市京南印刷厂
装　　订：涿州市京南印刷厂
出版发行：电子工业出版社
　　　　　北京市海淀区万寿路 173 信箱　邮编 100036
开　　本：787×1092　1/32　印张：6.875　字数：179 千字
版　　次：2018 年 12 月第 1 版
印　　次：2018 年 12 月第 1 次印刷
定　　价：58.00 元

凡所购买电子工业出版社图书有缺损问题，请向购买书店调换。若书店售缺，请与本社发行部联系，联系及邮购电话：（010）88254888，88258888。

质量投诉请发邮件至 zlts@phei.com.cn，盗版侵权举报请发邮件至 dbqq@phei.com.cn。

本书咨询联系方式：39852583（QQ）。

———互联网实验室文库———